镁合金薄壁管材特殊挤压成形技术

胡红军　欧忠文　欧影轻
刘　璐　段　潇　李进军　　著

科学出版社

北京

内 容 简 介

本书以材料学、塑性力学等为理论基础，开展镁合金管材挤压剪切技术的基础研究，构建成形参数-织构-成形质量（组织、强韧性等）之间的关联关系，揭示管材挤压剪切成形最佳的模具参数范围，期望找到一种提高镁管性能的新工艺，弥补现有正挤压成形镁管的不足，促进管材加工过程的成形质量和成本的完美结合，形成一系列具有国际先进水平的镁管挤压剪切成形理论与技术体系及具有自主知识产权的研究成果，因而本研究具有重要的科学意义和工程应用前景。本书对高性能镁合金的薄壁管材挤压-剪切、挤压-剪切-扩径成形、挤压-剪切-弯曲成形等工艺的原理、理论、应用进行了详细阐述。

本书可供高等学校和科研院所材料专业和冶金专业的教师和研究生教学和科研参考，也可供从事镁合金研究和生产的科技工作者阅读。

图书在版编目（CIP）数据

镁合金薄壁管材特殊挤压成形技术 / 胡红军等著. — 北京：科学出版社, 2025. 3. — ISBN 978-7-03-081580-4

Ⅰ. TG337

中国国家版本馆 CIP 数据核字第 2025F6S097 号

责任编辑：贾　超　张　莉／责任校对：杜子昂
责任印制：徐晓晨／封面设计：东方人华

科 学 出 版 社 出版

北京东黄城根北街 16 号
邮政编码：100717
http://www.sciencep.com

北京九州迅驰传媒文化有限公司印刷
科学出版社发行　各地新华书店经销
*

2025 年 3 月第 一 版　　开本：720×1000　1/16
2025 年 3 月第一次印刷　　印张：12 1/4
字数：246 000

定价：**128.00 元**
（如有印装质量问题，我社负责调换）

前　　言

镁合金先进材料和工程是当今材料科学与工程领域中的重大热点之一。镁合金是目前工程应用中最轻的金属结构材料，具有密度小、比强度和比刚度高、阻尼减振降噪性好、导热和导电性好、抗动态冲击载荷能力强、资源丰富等优点，被誉为"用之不竭的轻质材料""绿色工程材料"，与钢、铝、铜、工程塑料等互补，为交通工具、电子通信、航空航天和国防军工等领域的材料应用提供了重要选择。

镁合金薄壁管材正挤压会形成沿挤压方向的带状组织和较强的基面织构，这些织构不利于管材的二次加工（如内高压成形、折角、煨弯等），严重降低了镁合金管材质量，造成力学性能各向异性；为此提出了镁合金管材挤压剪切成形技术，也就是以"普通正挤压成形管材+管壁多次剪切+整形"为成形路径加工镁合金管材。本书对高性能镁合金的薄壁管材挤压-剪切、挤压-剪切-扩径成形、挤压-剪切-弯曲成形等工艺的原理、理论、应用进行了详细阐述。全书信息量大，内容丰富、新颖、系统性强，其中不少属于前沿资料；论述的学术思想和技术均处于国内先进水平，有较高的参考价值。

本书参与人员包括：胡红军教授（统稿）、欧忠文教授（理论部分）、欧影轻博士（建模部分）、刘璐博士（模拟部分）、段潇（全文格式修改及校对）、李进军（审核纠错）等；李杨、张慧玲、赵辉、赵健行、张威、胡刚、章欧、孙钊、英玉磊、梁鹏程、秦西等研究生在相关研究方面做了一些卓有成效的工作。

感谢多届硕士生等对本书所涉及的实验研究做出的贡献，感谢重庆理工大学材料学院及中国人民解放军陆军勤务学院对本书出版的资助。

镁合金制备成形加工技术发展迅速，涉及的内容与应用新颖、宽广，加上作者学术、技术水平有限，疏漏之处在所难免。恳请相关领域专家及读者批评指正，作者将不胜感激。

胡红军

2025 年 3 月于重庆

目　　录

第1章 绪 论

1.1 概 述

汽车及其他工业的飞速发展，对高性能镁合金材料提出了重大需求，因此，有必要对镁合金制备及成形加工的科学问题进行深入研究，探索提高镁合金强韧性的新途径，为推动镁合金产业的快速发展提供技术支撑，满足国民经济和国防军工发展的需求。但目前镁合金缺乏有效的强化途径，导致镁合金强度偏低及高温性能差，这限制了镁合金在汽车、飞机等关键结构部件和耐热零部件方面的应用。强化镁合金材料可以通过多元合金化、晶界和析出第二相的设计与控制、新型塑性变形细化晶粒等多种手段。

镁合金被誉为绿色工程材料且应用广泛，左铁镛院士在全国镁行业大会上指出，大部分镁合金产品处于低端水平，且存在强度低、塑性差、防腐蚀性差等缺陷，严重地影响了镁合金的发展。师昌绪院士等认为政府有关部门应该对镁合金工业的开发予以特殊考量，因为开发镁合金工业是立足长远、展望未来的战略性事业。柯伟院士等认为普通塑性变形得到的镁合金具有很强的基面织构，导致力学性能各向异性，且强度、低温下成形率低，对镁合金材料加工性能及后续服役危害极大。潘复生教授指出当前发展高性能镁合金材料缺乏生产大尺寸、超薄和复杂镁合金零部件的先进低成本加工成套技术。镁工业将推进镁结构向高附加值深加工产品转变，满足轨道列车、高铁、汽车等交通运输所用到的大型、多孔、异型、空心型材及支承件、仪表板骨架、座椅、保险杠、散热器支架、发动机支架等产品；重点满足航空航天、国防军工所用到的镁合金薄壁中空型材高强高韧、高温、耐腐蚀、耐疲劳、高精度、高电磁屏蔽性能；在医学中超细镁合金壁厚 0.1～5mm 薄壁管材也得到广泛的应用。

1.2 镁合金成形的研究最新进展

国内外学者普遍认为，通过合金化、热变形以及动态再结晶等手段对镁合金的晶界和织构进行有效调控，能够显著提升其力学性能。镁合金塑性变形主要体现在晶界的特征、晶面滑移和孪晶，因此，提高材料的塑性可以通过促进滑移面的滑移、孪晶的发生及晶粒的转动，提高晶界强度、调控晶粒取向及分布。采用大塑性变形技术细化晶粒、调控织构是各国学者广泛研究的热点，研究方向有等通道挤压、连续挤压、变通道挤压、往复等通道挤压、双向挤压、多向锻、反复镦粗、双向连续挤压、非对称挤压、膨胀等通道挤压、连续变截面正挤压、轮毂新型挤压、纯剪切挤压、等径角轧制、异步叠轧、挤压轧制、异步轧制、连续半固态轧制、循环闭式模锻和压缩、扭转成形等成形方法。正挤压-等径角挤压（EX-ECAE）工艺是指合金在等径角挤压前需要先进行普通挤压，Matsubara 等、Miyahara 等采用 EX-ECAE 工艺挤压镁合金，发现大大细化了晶粒；Orlov 等将正挤压和等通道挤压整合在一起的新工艺，细化了晶粒、改善了力学性能；廖启宇等采用电磁铸造、挤压变形、热处理等加工工艺制备出镁合金装甲靶材；符韵等利用凹模模锻加工出外观优美、强度标准的轻量镁合金机匣；陈帅峰等通过等通道弯曲变形，实现应变均匀、组织及织构明显改善；韩飞等采用往复挤压道次形变，得出一定范围内挤压比（G）增大和往复挤压道次增加有助于组织的细化；蒋伟采用轧制-剪切-弯曲变形，压下量增大，模具转角处累积应变大，镁合金发生剧烈的塑性变形；康志新等利用多向锻造（multi-axial forging, MAF）成形工艺，显著改善力学性能；郭强等采用多向锻造成形，晶粒组织明显得到细化；周涛等对轧制变形程度进行分析，得到轧制程度晶粒细化显著增加，力学性能明显改善；吴健旗等分析普通热轧、累积叠轧（accumulative roll bonding, ARB）及大变形热轧工艺，得出变形热轧、累积叠轧具有更高的力学性能；谭劲峰等利用热轧工艺解决铸锭冷隔、热裂及热轧开裂的难题并成功轧出板材；刘天模等对双向双通道变通径成形工艺进行研究，发现镁合金拉压不对称性，晶粒得到细化，综合性能提高；任国成等认为等通道挤压（equal channel angular pressing, ECAP）可以改善镁合金的微观组织；卢立伟等认为正挤压-扭转剪切变形可以显著细化镁合金晶粒、弱化基面织构；张晓旭等对等通道角轧制工艺制备镁合金板材进行研究，得出晶粒细化、综合力学性能提高的结论；徐志超等采用异步轧制提高材料强度，促进小亚晶的生成，细化晶粒，提高性能。

　　镁合金激冷铸造和压力铸造可细化镁合金零部件的表面组织，但心部晶粒粗大并存在大量孔洞类缺陷，镁材综合性能差。热塑性变形可消除这些缺陷，但易形成纤维组织和强烈的基面织构，且延展性低、塑性差、成形困难、成材率低，对镁材后续加工性能及服役性能危害较大。镁合金塑性变形工艺包含铸锭制备、铸锭处理、坯料加热、热塑性变形等多个阶段。左铁镛院士等认为材料的制备、生产是一个不断消耗资源和破坏人类赖以生存环境的过程，并影响到经济社会的可持续发展。因此研发可调控镁合金微观组织和性能的成形技术是提高镁合金综合性能亟需解决的重要科技问题。根据 Hall-Petch 理论，晶粒细化可以同时提高镁合金的强度和塑性，学者普遍认为晶粒细化和织构优化是提高镁合金综合性能的最有效途径，主要包括以下几方面：合金化、外加场和模具激冷作用、热变形及动态再结晶。而独立的一种工艺已经难以满足现在对镁合金生产的需求，多种复合工艺和联合工艺不断发展，促进了镁合金各项性能的优化以及生产效率的提升。

镁合金成形方法可分为变形和铸造，目前以铸造成形为主，包括砂型铸造、消失模铸造、压铸、半固态铸造等方法，还包括近年来发展的真空压铸和充氧压铸。铸造镁合金的晶粒细化主要是着眼于镁合金合金化、变质处理、外加场和激冷作用等。变质细化机制包括以下几点：金属液中不溶性或难溶性质点的非均质形核作用；溶质的偏析和吸附作用；成分过冷增加形核率。其中变质剂最为重要，含碳变质剂会反应生成大量弥散的化合物质点，在镁液中以固态质点存在，当化合物与 α-Mg 两者晶格常数相近时，便可成为晶核，促进结晶以达到细化晶粒的效果。王欣欣等研究了加入变质剂 C_2Cl_6 对 α-Mg 合金组织与性能的影响，研究结果表明：少量的 C_2Cl_6 对 α-Mg 具有显著的细化作用；随着加入量的增多，细化效果也愈加显著，同时 β 相变得弥散细小。稀土对镁合金具有很好的固溶强化效应，和 α-Mg 形成固溶体，偏析导致固液界面前沿液体的平衡温度降低，界面的过冷度减小，使晶体的生长受到抑制，从而增强晶核的增殖，细化晶粒。袁森等认为稀土元素 Ce 具有细化 AZ91 镁合金铸态晶粒的作用，且 Ce 的含量为 1.2%时，细化效果最明显。

外加场作用是通过外加的脉冲磁场、脉冲电流、超声波或者机械振动和搅拌等方式，对镁合金熔体加以强烈的外力，使枝晶破碎，促进形核以达到细化晶粒的效果。石文静等发现电磁搅拌可以提高合金的力学性能，当电磁搅拌的频率为6Hz，电流强度为 150A 时，抗拉强度可达到 175MPa，伸长率为 13.75%。主要机制为电磁搅拌作用下，$\beta-Mg_{17}Al_{12}$ 相逐渐被打碎并细化；杨院生等提出的低压脉冲磁场细化镁合金晶粒的技术，可导致模壁的形核率增加，促使枝晶的二次臂折断。超声波在传播时具有的声空化、声压和机械等效应产生的搅拌可以使枝晶破碎，提高熔体形核率，减少宏观和微观偏析；超声波还可以使温度场均匀，促进结晶潜热的散发，增加过冷度，达到细化晶粒的效果。Shao 等以及余琨和张志强等采用不同强度超声对镁合金熔体进行处理以改善合金的凝固组织。付浩等研究了超声处理对 AZ91D-3Ca 镁合金凝固组织的影响，发现通过控制超声熔体处理参数与凝固条件，可以细化 AZ91D-3Ca 阻燃合金的凝固组织。赵宇昕等通过对 AZ31 镁合金进行超声处理，可有效促进合金晶粒细化，获得均匀晶粒组织，抑制连续的 $Mg_{17}Al_{12}$ 相的析出。Guan 等用振动的倾斜板浇注及半固态铸轧，可显著提高形核率，形成球状的初生晶粒。高压和激冷作用是通过对熔体施加高压或激冷作用，促进晶粒的细化，林小娉等研究了 4GPa 高压作用下 AZ91D 合金的凝固组织，发现在高压作用下，不仅 α-Mg 基体得到显著细化，而且常压下分布于枝晶间"骨骼状"连续分布的 $\beta-Mg_{17}Al_{12}$ 相变为纳米级颗粒状弥散分布在晶界上，使合金的硬度得到显著提高；激冷作用就是利用不同厚度的冷铁对合金铸件进行激冷，或者采用金属模铸造，实现对熔体金属材料快速冷却，增大过冷度，促进形核，以达到细化晶粒的效果。Xu 等采用金属模铸造和激冷铸造生产 Mg-3.6Al-3.4Ca-0.3Mn（数字代表质量分数），发现激冷铸造形成的胞状晶明显较细。Wang 等研究了金属模铸造和砂型铸造对镁合金组织的影响，发现前者晶粒远比后者细。

1.3　变形镁合金晶粒细化技术

　　传统铸造和压铸工艺批量化生产镁合金时，由于存在铸造过程中常见的缺陷，如气孔、偏析、晶粒粗大等，使镁合金的性能受到极大限制，无法满足工业化的要求，而通过变形加工，如轧制、挤压等方法，既可以减少铸造镁合金的部分缺陷，也可以增强镁合金一定的综合性能。变形镁合金主要采用热塑性变形来细化晶粒，并对变形织构进行优化，如轮毂新型挤压、挤压轧制、反复镦粗、等通道挤压、热轧、连续挤压、异步轧制、纯剪切挤压、双向连续挤压等成形方法。而大量实验表明，大塑性变形是细化镁合金晶粒的更加有效的方法，如等通道挤压、剧烈热轧、累积叠轧、高压扭转（high pressure torsion，HPT）等。采用累积叠轧对板材表面进行脱脂及加工硬化等处理后，尺寸相等的两块及两块以上金属板在一定温度下进行叠轧结合，反复轧制，产生大累积应变，使内部晶粒在高强度应变下破碎，得到均匀细小的组织，同时材料性能也发生突变，有利于提高板材强度及延伸率。张兵等研究发现累积叠轧焊（ARB）技术可有效细化镁合金晶粒，经过 ARB 四道次后，平均晶粒尺寸由 17.8μm 减小到近 1.2μm，且强度和硬度都有所增加，组织均匀性也得到提高；研究学者为解释晶粒细化机制的转变对板材微观组织的影响，对 ARB 后的 AZ31 镁合金板材进行了深入研究。据 Trojanova 等报道，经 400℃下两道次 ARB 后，晶粒发生持续旋转动态再结晶（DRX），晶粒细化。

　　等通道挤压通过大塑性变形且挤压前后材料的截面面积和形状不发生改变，使晶粒细化到微米、亚微米及纳米尺度，显著提高了镁合金的综合性。ECAP 在制备高强度轻合金的应用方面受到越来越多研究人员的关注，火照燕等研究发现 ECAP 变形可以大幅度提高 LA14 镁锂合金的强度，且随着 ECAP 挤压道次的增加，其强韧性和塑性变形能力增加。通过对 AZM63-1Si 镁合金进行等通道挤压处理后的微观组织和力学性能研究后，杨宝成等发现 AZM63-1Si 镁合金 ECAP 后，α-Mg 基体和片层状 MgZn 相得到有效细化，随着道次的增加，汉字状 Mg$_2$Si 逐渐破碎成颗粒状，并逐步均匀地分布到细化后的 α-Mg 基体中，而合金的力学性能也显著提高。杨杰等采用 160°大角度等通道挤压对 AZ61 进行处理，发现一定条件下可以获得平均尺寸为 1μm 的晶粒组织，且细化机理以动态再结晶为主。该工艺需要进行多道次的挤压才能得到超细晶组织，因此需要多次挤压，使得挤压效率低下，成本增加，不利于工业化应用。通过等通道挤压可进一步提高材料的各方面性能，提高加工效率，但需要对不同的材料采用不同的工艺条件进行深入研究，同时也需要对等通道挤压的模具与挤压方式进行进一步的研究优化。

往复挤压（cyclic extrusion and compression，CEC）是集挤压和镦粗为一体的剧烈塑性变形工艺，是能有效地细化晶粒的方法，克服了传统轧制和挤压后的材料裂纹和各向异性等缺点，使材料内部组织和晶粒均匀化，现在十分有望实现商业化应用。夏显明等研究发现 ZK60 镁合金在往复挤压过程中合金晶粒得到很好的细化，随着道次的增加，晶粒等轴倾向明显，晶粒分布趋于均匀化。程正翠研究 ZK30 镁合金后发现，随着往复挤压次数增加，合金晶粒会慢慢细化，当 ZK30往复挤压变形道次大于 8 次后，其力学性能变化不大。韩飞等发现铸态的 ZK60镁合金在一定范围内增加挤压比和往复挤压的次数均有利于组织细化，而增加挤压道次对晶粒细化效果不明显，但有利于晶粒的均匀化，选用合理的挤压比和挤压道次可以获得均匀、细小的组织结构。

归纳以上大塑性变形方法的优点如下：引入大塑性变形，促进动态再结晶发生，细化微观组织及弱化{0002}基面织构，提高镁合金综合性能。但是当前实验室广泛应用的大塑性变形技术具有显著的缺点：多次变形才能达到细化晶粒的目的，工艺复杂不能进行连续生产、成形材料尺寸有限、材料微观组织不均匀，不利于高性能镁合金工业化生产，另外随着变形次数的增多，镁合金出现超塑性，但强度会下降。在镁合金获得广泛应用的同时，对其性能也提出了更高的要求。由于镁及镁合金在室温时的塑性较差，因此与常规金属加工相比，镁及镁合金的塑性加工方式一般都是热加工。目前大量使用的镁合金塑性加工技术包括轧制、锻造、挤压等。

镁合金在室温下塑性很低，所以轧制加工比较困难，因此一般是用热轧与温轧对镁合金进行加工。轧制加工可以生产厚板、中板和薄板。镁合金薄板用于制造汽车车体组件的外板，能够在很大程度上减轻车体的重量。Hosokawa 等研究了轧制温度对 AZ31 镁合金成形性能的影响。当轧制温度超过 498K（498～673K）时，轧制下压量可达 85.7%以上而不出现裂纹；而在 473K 以下的温度轧制时，成形性能变差，易出现裂纹。张青来等研究了轧制方式对 AZ31 镁合金薄板组织和性能的影响，交叉轧制可使材料的伸长率显著提高，抗拉强度与屈服强度明显下降，生成了大量的等轴晶粒，晶粒的均匀性大幅度提高。Saito 等将累积叠轧技术运用在块体材料的大应变加工上。随着镁合金轧制技术的不断完善，轧制已经逐渐演变为镁合金主要的塑性加工技术之一。固相线、变形速率和晶粒度这 3 个因素是影响镁合金锻造性能的三个主要因素。AZ 和 ZK 系是最常用于锻造加工的镁合金原料。这两个系列镁合金具有较强的可锻性，另外，这两个系列合金通过添加细化剂和合金元素可得到合适的晶粒尺寸。一般来说，镁合金在中高温下的锻造性能极差，如果在 400℃以上进行锻造成形时，就容易产生腐蚀氧化。等温锻造是镁合金的主要锻压成形工艺。由于镁合金导热系数很大，锻造温度范围窄，因此适合等温锻造成形。国内已经能够采用等温锻造工艺成形复杂的飞机机匣。近年来已有不少研究单位，如上海交通大学、华中科技大学等开始着手对镁合金等温锻造进行更加系统全面的研究。任政等研究了锻造工艺对变形镁合金成形工艺性的影响。单德彬等对精密锻造技术及其特点进行了研究。

1.4 镁合金挤压工艺

1.4.1 普通挤压工艺

正挤压是坯料在挤压筒中一端受力，通过模孔实现塑性变形的加工方法。在挤压过程中坯料受到模具的限制承受很大的压力，使得坯料发生很大的塑性变形，从而消除铸锭中的气孔、缩孔和缩松等缺陷，提高材料的可成形性，改善产品的性能。另外，通过更换模能够加工出断面多样、形状复杂的产品，与锻造、轧制相比，正挤压制备的产品具有明显的优势：第一，在三向压应力下金属发挥最大的塑性，可有效细化晶粒提高产品塑性和强度；第二，挤压工艺极其灵活、操作方便，可以加工出管、棒、板、型材等；第三，挤压的成品表面质量较好、尺寸精度很高。

挤压是金属加工最为常见的一种塑性成形方法。挤压加工可以直接获得零件成品，是一种少无切削的金属加工方法。挤压加工具有较高的生产效率、所获得的零部件产品质量稳定、在加工过程中原材料消耗少等优点。此外，挤压可以有效地改善金属组织的性能，所以被广泛地应用于金属零部件的加工生产。

对镁合金来说，利用热挤压的方法可以获得镁合金管材、棒材、型材、板材等。由于挤压时镁合金坯料处于三向压应力状态，而且在大部分的挤压过程中都是在等温下进行的，此时成形温度不易下降，镁合金坯料的流动性变强，易于成形，而且镁合金经过挤压加工这种较大应变加工后，可以显著细化晶粒、改善制品的各向异性、提升制件的成形性能。

常见的挤压方式是正向挤压和反向挤压。传统的正向挤压和反向挤压具有操作方便、成形设备简单等特点。在挤压成形中各个工艺参数对镁合金制品挤压成形的工艺性有极大的影响。Chen 等研究了不同冲压速度下 AZ91 合金热挤压过程中的组织演变，研究表明所有挤压棒材均表现出完整的拉伸变形组织，由粗拉伸变形晶粒带和细拉伸变形晶粒带组成。平均晶粒尺寸随挤压速度的增加而增大，挤压速度为 0.1mm/s、0.5mm/s、1.0mm/s 时，平均晶粒尺寸分别为 6.74μm、11.38μm、15.46μm。钟皓等对 AZ31 镁合金在不同的热挤压工艺下的微观组织以及力学性能进行了研究，结果表明挤压温度及冷却方式将会影响 AZ31 镁合金挤压后的组织及力学性能，在 623K 挤压后空冷会得到力学性能优良以及组织均匀的镁合金制件。Lapovok 等的研究结果表明，当以较低的挤压速度对镁合金进行成形时，所得到挤压板材的质量较好，随着速度的升高，板材的表面质量降低。速度过高即大于 15mm/s 时，板材出现裂纹。杨树恒对不同挤压比下的镁合金管材的组织进行了研究，结果表明当挤压比由 10 增加到 35 时，镁合金材料的力学性能各个参数近似线性增长。

1.4.2　等径角挤压工艺

当前最具有商业应用前景的大塑性变形（SPD）技术是等径角挤压（ECAE）工艺，ECAE 技术不同于常规塑性加工工艺，它是通过强烈塑性变形而获得超细晶或纳米晶材料的有效制备方法，这种方法使材料发生剪切形变而获得较大应变，导致位错重新排列、晶粒进一步细化和形成新的变形织构。在 ECAE 中，除了初始微观结构和相组成对微观组织和性能的影响外，微观组织和性能还与模具的内部结构、挤压道次、挤压路径的选择、挤压温度及速度等工艺参数息息相关，在这些工艺参数中模具结构多样化设计是国内外学者研究的热点。

ECAE 的优点是：经过等径角挤压后产生大的应变量，且材料的横截面积保持稳定没有发生变化，可以进行多次挤压；多次挤压后，剪切变形大大提高形成亚微米超精细结构，可实现大块超细晶材料的制备；且挤压后空洞、缩孔、缩松等缺陷得到大大改善，但是该工艺存在生产不连续及材料浪费等问题导致效率低、成本昂贵。经过正向挤压的镁合金制品，常会出现组织不均匀、成形质量较差以及有非常强烈的织构存在等缺点。所以，各国学者开始对镁合金大塑性变形技术进行深入的研究。

目前多数学者利用挤压与其他成形工艺相结合的方式（复合挤压）对镁合金进行成形，能够显著细化镁合金的晶粒，弱化镁合金成形时所造成的基面织构等。Yang 等采用差速挤压（DSE）工艺制备镁合金板材，采用这种方式引入了非对称剪切变形。这种简单的剪切使近表面组织呈现出更多动态再结晶晶粒。DSE 工艺得到的晶粒细化和倾斜的弱基面织构显著提高了挤压镁合金板材的室温强度和塑性。Meng 等利用在室温高压扭转作用下对 Mg-3.4Zn（数字代表原子分数）合金进行了挤压成形，产生了超细晶组织。当经过 20 转后的等轴动态再结晶晶粒平均直径为 140nm。Pan 等先将 AZ31 镁合金坯料沿轴线进行了不等分的均匀切割后，再将切割过后的坯料放在一起进行挤压。结果表明，与常规直接挤压相比，复合挤压可使 AZ31 板材的伸长率从 18.5%提高到 22.5%，且其极限拉应力也较高。石磊等提出了等通道螺旋转角挤压（ECHE）方法，并对利用 ECHE 方法下的 AZ31 镁合金进行了组织与性能的研究，结果表明该工艺能够显著细化 AZ31 镁合金晶粒；挤压后镁合金的平均晶粒尺寸为 3～5μm，且晶粒分布的均匀性较高；力学性能大幅度提高，室温抗拉强度由 209MPa 提高到 286MPa，延伸率由 11%提高到 26.4%。唐果宁等利用锥台剪切变形制备 AZ31 镁合金板材，锥台剪切变形挤压方法对晶粒具有明显的细化作用，在 410℃挤压成形镁合金的平均晶粒尺寸从 210μm 细化至 7.9μm，挤压后板材的上下表面的晶粒比中心层更细小，水冷过后的板材晶粒组织更加细小均匀。胡忠举等利用正挤压和弯曲、剪切等多种工序相结合的方式对镁合金成形，该工艺不仅可以细化晶粒还能够弱化织构，能够极大地改善镁合金的综合力学性能。Shahbaz 等提出了涡流挤压（VE）这种新型的大塑性变形方法，在挤压材料的同时引入一定的扭转应变。采用有限元法（finite element method）分析了 VE 工艺的塑性变形特性；研究了不同扭转角度下的加工载荷、应变值以及金属流动规律。结果表明，涡流挤压可获得均匀分布的高应变值。

在镁合金凝固过程中的晶粒细化方法和固态成形细化晶粒方法都有其独有的强化机制，但各自也有一定的局限性，有的研究人员通过将两种及以上的细化方法相结合，综合利用各自的优势以实现镁合金综合性能的最优化，如外力场铸造与挤压成形相结合、激冷铸造与轧制成形相结合等联合工艺或复合成形工艺。联合工艺成形就是将镁合金先后通过两种及以上的工艺加工，以实现镁合金综合性能的提升。通过激冷铸造和外力场可有效地细化晶粒，但铸坯内部总是存在一些空洞类缺陷和粗大晶粒，降低了镁合金结构件的力学性能，于是学者们采用铸造和塑性变形两阶段的联合工艺来改善镁合金的性能。哈尔滨工业大学的 Jiang 等开发了一种镁合金压铸-锻造双控设备生产摩托车气缸体，与压铸相比，镁合金材料的极限抗拉强度和伸长率大大增加，同时铸造缺陷大大降低。Chen 等利用挤压铸造和正挤压两步工艺生产 AZ91D-RE 镁合金半固态坯料，随后采用触变锻造生产无孔洞缺陷的复杂零件。铸造和塑性变形两阶段的联合工艺大大提高了镁合金的综合性能。复合工艺成形，通过两种及以上的工艺复合在一起，实现快速、高效的镁合金加工，同时发挥各自工艺的优势，获得理想的镁合金材料。有些学者开发出铸造和塑性变形相结合的镁合金复合成形工艺，主要原理是镁合金熔体在激冷温度场和应力场的作用下凝固，使晶粒得到细化，如双辊薄带铸轧、挤压铸造、连续流变挤压等技术，这些技术在一定程度上能够细化镁合金微观组织，提高镁材综合性能。镁合金双辊薄带铸轧技术在国内外得到了成功的应用，Xu 等成功将静磁场引入镁合金铸轧中，并得到晶粒细化的镁合金薄板；Wang 等用速度为 10～30m/min、浇注温度为 640～660℃的立式双辊薄带铸轧技术制备出平均晶粒尺寸为 22μm 的镁合金薄带；Kim 等认为双辊薄带铸轧可阻滞晶粒的长大。东北大学的赵占勇、管仁国等研究了镁合金连续流变挤压技术，合金熔体在辊-靴型腔里凝固的同时受到工作辊的剪切作用，枝晶逐渐被破碎，形成优良的半固态镁合金，在型腔出口安装模具对镁合金半固态材料直接加工，实现镁合金浆料制备与流变挤压成形的一体化和连续化。Li 等研究了挤压铸造的比压对 ZA27 镁合金性能的影响；Goh 等采用挤压铸造制备出强韧性优良的镁合金。Zhang 等研究发现电磁脉冲结合轧制可以让 AZ31 镁合金的变形晶粒产生 TD 劈裂织构，该织构可以提高镁合金板材的轧制性能。

晶粒细化是提高镁合金强韧性的一种重要手段，如何制备微米级、纳米级晶粒的镁合金材料是国内外相关研究人员的一个重要研究方向。大塑性变形技术是近年来新发展的材料制备成形工艺，它是通过增加待变形金属材料的变形量，使材料组织中产生大量亚晶粒、位错胞等亚微米级的结构，通过成形过程中的应变累积使材料内部的晶粒组织细化至亚微米级，甚至纳米级，因此，其常被用来制备超细晶材料和调控织构等。目前，较成熟的镁合金大塑性变形工艺主要有等通道挤压、累积叠轧、高压扭转成形、多向锻造成形和往复挤压等。

等通道挤压（ECAP）工艺最早由苏联科学家 Segal 在其 1977 年的专利中提出。该工艺的模具型腔由两个横截面积相同的通道组成，两通道的中心轴线呈一定角度。在挤压过程中，坯料在横截面积保持不变的情况下，受到强烈的剪切作用。随着挤压道次的增加，坯料内部的应变不断累积，位错密度显著增加，从而促进动态再结晶的发生，这一工艺是制备高性能细晶镁合金的重要方法，能够显著改善材料的力学性能。通过合理调整模具转角、变形温度和变形速度等工艺参数，可以实现材料内部组织和织构的微观定制。坯料在等通道挤压成形的过程中，最终累积的总应变量受挤压道次型腔通道内角、型腔通道外角的影响。

1997 年，Mabuchi 最先用等通道挤压工艺挤压镁合金，随后，该工艺被各国相关领域研究人员所关注，并被广泛地应用在镁合金的研究上。Stráská 等研究了普通挤压镁合金和等通道挤压镁合金的组织和性能。研究表明，温度升高后将导致等通道挤压工艺细化晶粒的能力降低，材料内部的位错密度和硬度下降。伊朗科学家 Akbaripanah 等研究发现，在 220℃的条件下对 AM60 镁合金进行六道次的 ECAP 后，原始坯料的晶粒尺寸由 21μm 细化至 2.3μm，随着挤压道次的增加，材料的强度呈先升后降的趋势，同时发现在挤压两道次后的材料抗疲劳性能最优。Jahadi 等在对 AM30 镁合金进行四道次的等通道挤压后发现，AM30 镁合金内部微观组织均匀性大幅提高，晶粒由原始的 20.4μm 细化至 3.9μm。He 等对 ZK60 镁合金在 160℃的条件下，进行了四道次的等通道挤压变形后发现，坯料的抗拉强度最终达到了 266MPa，延伸率达 31.9%，成形制品的组织为 0.8μm 左右的超细晶。Suh 等研究表明 AZ31 镁合金经等通道挤压后其微观组织得到显著细化，织构类型发生明显改变。镁合金在挤压变形过程中极易产生基面织构，即（0001）晶面几乎与挤压方向平行，基面的施密特（Schmid）因子趋于零，由于镁合金的晶格结构为密排六方，较强的基面织构将导致其强度升高而塑性变形能力降低。等通道挤压能使得原始坯料的基面发生一定程度的偏转，但在目前的研究中尚未发现等通道挤压工艺能够使得织构明显弱化。

1.4.3　往复挤压工艺

往复挤压工艺是在 20 世纪 80 年代初由波兰科学家 Richert 等最早提出，是当前应用较成熟的镁合金大塑性变形技术之一。坯料在往复挤压的过程中同时受到挤压和压缩的作用，内部可累积较高的应变值，从而发生充分的动态再结晶，使晶粒得以细化。两个冲头先后对坯料施加压力，使得坯料在两头粗中间细的型腔通道中来回运动，完成往复挤压。经过多次挤压和镦粗后，材料内部可累积较大变形量。Lin 等对 ZK60 镁合金进行多次往复挤压后发现，其显微组织得到显著细化，织构也呈弥散化分布，同时出现一种新的织构类型，四道次的往复挤压后，制件的断后伸长率大约为未变形材料的 3 倍。Wang 等在温度为 300℃时，对 AZ61进行了七个道次的往复挤压变形后发现，晶粒细化的效果有所减弱。Wang 等认为，在往复挤压变形过程中存在一个临界道次，当往复挤压次数超过该道次时，晶粒的长大过程和晶粒的细化过程达到动态平衡，随着挤压的进行，晶粒不再细化。而 Yang 等则认为，坯料在往复挤压的过程中，晶粒尺寸主要受到变形温度和变形速率的影响，因为在初始挤压时，坯料内部就已发生过再结晶，后续变形主要是通过晶界滑移等来实现，受应变量的影响较小。Huang 等研究了 Mg-1.50Zn-0.25Gd镁合金在不同温度下的往复挤压变形，研究发现，当挤压温度为 250℃时，往复挤压得到的镁合金制件屈服强度最高，随着挤压道次的增加，晶粒的细化效果和织构的弱化效果不断加强，最终在经过八道次挤压后，得到的制品断后伸长率最大。由于往复挤压工艺的晶粒细化效果明显，近年来得到了充分的发展，但相对于等通道挤压工艺，关于往复挤压的研究相对落后，在晶粒细化机理、变形机制、织构的演变等方面的研究仍不够充分，对于往复挤压后制品的强韧化机制有待进一步探讨，组织演变、织构演变与力学性能之间的关系有待进一步揭示，因此推进往复挤压工艺的大规模商业化应用依然任重道远。

1.4.4　高压扭转工艺

高压扭转工艺是在 20 世纪 50 年代由苏联学者提出，后经改进后用于制备纳米级的块体材料，目前在镁合金、钢铁、铝合金等材料方面已经得到了一定程度的应用。高压扭转成形一般在室温或低于成形材料 0.4 倍熔点的温度下进行。具体成形方式为坯料被冲头施以 GPa 级的压力，上、下两个冲头压紧坯料的同时以一定的速率进行转动。在摩擦力和剪切应力的共同作用下，坯料发生剧烈的塑性变形。近几年，关于高压扭转工艺调控镁合金组织和织构的文献层出不穷。Matsunoshita 等在室温条件下，采用高压扭转工艺加工 Mg-8Li 时发现，坯料的晶粒得到极大程度的细化，得到了细小均匀的超细晶组织，制件的抗拉强度高达 160MPa，同时断后伸长率约为原始坯料的 5 倍。Vrátná 等研究发现，运用高压扭转变形工艺加工的材料，在变形初期（<五道次）组织分布不均匀，晶粒尺寸呈中心大、四周小的分布趋势，在经过十五道次的扭转变形后，晶粒尺寸大小分布均匀且几乎全为超细晶晶粒。Stráská 等研究高压扭转变形扭转圈数对镁合金组织性能影响时发现，当扭转圈数大于 15 时，坯料中心部位与边缘部位的性能一致。Lee 等发现在高压扭转变形过程中，试样会产生明显的压缩变形，这使得试样在变形初期出现较明显的基面织构，但在后续变形过程中，大部分的晶粒基面向径向偏转，基面织构逐渐消失。高压扭转成形工艺是制备超细晶材料的有效方法，但是其工艺效果受多种因素的制约，如变形温度、扭转速度、高径比、摩擦系数等，且仅适用于加工体积较小的圆盘状材料，所以目前仍未得到大面积的推广。

除上述三种常用的大塑性变形工艺外，还有累积叠轧、多向锻造、双通道挤压、非对称挤压等。也有不少学者将两种或两种以上的大塑性变形工艺相结合，设计出新型复合成形工艺，使得制品的成形效率和合格率均得到有效提高。Hu 等将普通正挤压和等通道挤压工艺相结合，设计出了挤压-剪切新型复合成形工艺。在挤压比为 4 的情况下，坯料经复合变形后，平均晶粒尺寸为 2μm，主要是由于坯料在普通挤压阶段和等通道剪切变形阶段先后发生两次动态再结晶，因此使得晶粒细化效果明显。

Chen 等结合普通正挤压工艺和弯曲变形技术，设计出镁合金挤压-弯曲复合成形工艺。其研究表明：AZ91 镁合金坯料经过 3 个变形区域后，晶粒细化至 6μm，进一步的数值模拟研究发现，该工艺可使得坯料的累积应变值高达 9.15，但是，当累积总应变量超过 8.24 后，晶粒的细化效果减弱。

卢立伟等结合普通正挤压工艺和扭转变形工艺，设计了挤压-扭转新型复合变形工艺，在初始挤压温度为 250℃的条件下，用该工艺挤压 AZ31 镁合金后发现，普通正挤压变形阶段的组织多为 25～125μm 之间的粗大细长晶粒，坯料经过扭转变形区后，晶粒的平均尺寸为 3.5μm 且大小分布均匀。由此证明挤压-扭转工艺能够进一步细化晶粒，提高组织的均匀性。

王忠堂等研究了镁合金管材的挤压工艺实验，确定了镁合金管材挤压的工艺参数，分析了镁合金管材挤压变形力。结果表明，坯料温度、模具预热温度、润滑剂、挤压速度等工艺参数对挤压载荷有不同的影响。

夏巨谌等研究了 AZ31 镁合金在不同温度和变形速率下的成形的工艺性，得到了真实应力-应变关系。利用 DEFORM-3D 对成形过程进行了有限元模拟，发现管材在挤压过程中，内壁金属流动速度大于外壁金属流动速度，挤压筒体和圆锥体受到挤压，分析了表面过渡处出现最大等效应变值的原因，并通过试验验证了仿真分析的正确性。

李琳琳等基于 AZ31 镁合金等温压缩实验，利用得到的应力、应变数据拟合成形应力-应变曲线；应用有限元法模拟了 AZ31 镁合金管材的挤压成形，研究了 AZ31 镁合金挤压成形过程中，温度、速度、润滑对金属流动的影响，为镁合金管材的挤压成形提供了依据。

于宝义等为了研究镁合金管材在热挤压过程中的动态再结晶，采用流动函数法模拟了变形区的各物理场。并且，通过热模拟实验对 AZ91D 镁合金的高温力学性能进行了测试。计算并分析了 AZ91D 镁合金在高温变形过程中动态再结晶的临界应变函数。研究了挤压过程中变形区初始动态再结晶的判据和分布规律。并且通过实验验证了准则和分布规律。

孙颖迪等为使用 Hyperxtrude 软件对 AZ31 薄壁管材的挤压过程进行有限元模拟，研究了在不同工艺条件下焊接室应力分布和速率分布。分析结果表明，焊接室内工作压力随着焊接室高度的增加而减小，焊缝的最大腔室压力和平均切口随着焊接室的增大而增大。金属流量在入口坡度为 15°时最小。

王忠堂等研究了摩擦条件、挤压比、挤压速度、变形温度等因素对镁合金挤压成形管材组织性能的影响，揭示了 AZ80 镁合金管材热挤压成形的最佳工艺参数。

薛勇等借助 MSC/Superform 软件，运用数值模拟和工艺实验相结合的研究方法，对 AZ31 镁合金空心管坯进行正挤压成形实验，试制出尺寸精度高、壁厚均匀的管材。研究表明：随着挤压比的增大，成形管材组织中的纤维流线更明显。

于宝义等研究了铸态 AZ91D 镁合金在 450℃挤压变形时的强韧化机理。结果表明，挤压变形使得原始铸态坯料性能有较大提高，随着挤压比的增加，成形管材的塑性降低，强度呈先增加后降低的趋势，挤压比为 7.125 时，强化效果最佳。

张金龙等运用分流模挤压工艺挤压成形 AZ91 镁合金管材，经过分流模挤压后，原始坯料中粗大的树枝晶和网状第二相 β-$Mg_{17}Al_{12}$ 被破碎重溶，并且在挤压过程中发生再结晶，成形管材与原始坯料相比，组织和性能明显改善。

陈增奎等研究了 AZ31 镁合金热挤压、等温挤压和反向温度场挤压三种成形工艺。其研究结果表明，热挤压 AZ31 镁合金管材组织分布不均，其余两种工艺挤压管材组织分布均匀，其中反向温度场挤压管材的综合力学性能最佳，抗拉强度达 278MPa。

宓小川等分析了 Mg-Mn-Ce 镁合金挤压管材内侧、中心层和管外侧的金相显微组织及织构特征，同时对其力学性能进行测定。研究发现，挤压管材力学性能的各向异性明显，沿管材轴向的屈服强度及抗拉强度明显小于管材径向；观察成形管材的金相组织时发现，管材外侧组织中存在大量的变形孪晶；径向方向织构分布梯度明显，外侧部分主要为（0001）基面织构，内侧部分和中心区域主要为大锥面织构组分和典型的棱柱面组分，这种织构梯度的存在直接导致了管材力学性能的各向异性。

Tang 等在研究镁合金管材正挤压参数对成形管材晶粒尺寸和晶体取向的影响时发现，挤压比越小、变形速度越大，基面织构强度越强。利用传统挤压工艺挤压镁合金管材时，成形管材中容易出现沿管材轴向即挤压方向的纤维组织和较强的（0001）基面织构，导致其力学性能的各向异性明显，不利于管材的后续加工（如折角、煨弯等），严重缩小了镁合金管材的使用范围。

1.5　传统镁合金管材成形技术

管材微观组织决定性能，张保军等采用分流挤压成形镁合金薄壁管材，发现挤压后横截面组织为等轴晶，纵截面组织为细长晶；薛勇等采用正向挤压成功挤出尺寸精度高、壁厚小的镁合金管材，发现枝晶沿变形方向被拉长的纤维流线；Tang 等研究 AZ31 镁合金挤压工艺参数对晶粒尺寸和织构的影响，发现减小挤压比和增大挤压速度使得基面密度增加；唐建国等发现在 AZ31 镁合金热模拟压缩试样中柱面织构和基面织构相比有更好的变形能力；哈尔滨工业大学的王尔德认为将平均晶粒细化到 5μm 以下，能够保证二次塑性成形不增加成本；刘钢等采用差温内压法加工异型镁合金中空件；Zhang 等对镁合金挤压管材进行分析，发现经过热挤压后镁合金晶粒细化，力学性能提高，细化合金组织中粗大的稀土化合物相是提高稀土镁合金性能的重要途径；吴树森等研究了稀土镁合金经过高能超声处理后晶粒细化及力学性能的情况；王旭等发现采用 $K_2Ti_6O_{13}$ 晶须增强 AZ91D 镁基复合材料可大大细化晶粒；Shi 等研究了 Y 元素对热轧镁合金板材晶粒细化和织构的影响；何祝斌等发现普通挤压成形的镁合金管材胀形性能较差，主要原因是普通挤压导致管材环向变形性能与轴向变形性能存在很大差别，存在各向异性。普通正挤压制备的镁合金薄壁管材有以下的组织织构特征：Tang 等研究了普通正挤压工艺参数对晶粒尺寸和织构的影响，发现随着挤压比的下降和挤压速度的增加，基面极密度升高；普通正挤压 Mg-Mn-Ce 管材沿管壁厚度方向明显存在织构不均匀现象，内侧层主要织构类型为（$11\bar{2}1$）[$\bar{2}113$]大锥面织构，中心层面主要织构类型为典型的（$01\bar{1}0$）[$2\bar{1}\bar{1}0$]棱柱面组分，外侧面主要织构类型为（0001）织构；苑世剑等的研究表明，普通挤压成形的镁合金管材胀形性能较差，普通挤压管材具有各向异性特征；杨合等采用分流模挤压成形镁合金薄管，其横向截面组织为等轴晶粒，而纵向纤维状细长晶粒；张治民等采用正挤压成形了尺寸精度高、壁厚均匀的镁合金薄管，发现枝晶沿变形方向伸长，具有明显的纤维流线。传统的挤压工艺会形成沿管材挤压方向的带状组织和强烈的（0001）基面织构，严重降低了镁合金的力学性能，造成材料力学性能的各向异性，不利于变形管材的二次加工（如内高压成形、折角、煨弯等）。

1.6 新型变形方法在镁合金管材中的应用

近年来，各国学者结合大塑性变形的各项优点，纷纷设计出多种新型镁合金管材成形工艺，对成形管材的微观组织和织构类型进行调控以提高其组织性能和力学性能。方刚等采用热反挤与冷拉拔相结合的工艺，首先在专用挤压机上制备出外径为 3.14mm、壁厚为 0.32mm 的镁合金微细管，在室温下借助模具工装通过四道次的冷拉拔最终得到外径为 2.90mm、壁厚为 0.27mm、可用于生物实验的镁合金微血管支架。Faraji 等提出一种基于管状等通道挤压（tubular channel angular pressing，TCAP）的大塑性变形技术，适用于在不改变圆管尺寸的情况下使圆管累积较大的应变。受内模和外模约束的管件被空心管状冲头压入具有三个剪切区的管状角通道。用该成形方法挤压 AZ91 镁合金时，仅经过一道次的 TCAP 变形，就取得了显著的晶粒细化效果。显微硬度（HV）由最初的 51 提高到 78，这种新的 SPD 工艺具有广阔的工业应用前景。Wang 等将高压扭转工艺应用于管材成形。该工艺将高切应变引入管壁，不仅为实现晶粒细化提供了有效的途径，还使得成形管材具有较强的切向织构和纤维组织。因此，沿管壁切向方向具有优异的力学性能，具备产生超高强度的潜力。该工艺效果在成形铝合金管材时得以验证。Babaei 等将往复挤压技术应用到细晶粒纳米晶管加工，提出管材往复挤压（tube cyclic extrusion-compression，TCEC）工艺。经过多道次往复挤压后晶粒由 45μm 细化到（2～3）×10^{-4}mm，屈服强度和抗拉强度均有大幅提升，显微硬度（HV）较原始管材增加了 47。Liu 等采用热挤压、冷轧、拉伸相结合的方法，克服了镁合金加工性能差的缺点，成功地将 Mg-Nd-Zn-Zr、AZ31 和 WE43 三种镁合金分别制成高质量的微管，外径为 3.00mm，厚度为 180μm，用于可降解血管支架的制备。该方法还可用于制造尺寸误差在 2.8% 以内的长管。显微组织观察表明，退火后的 Mg-Nd-Zn-Zr、AZ31 和 WE43 管晶粒分布较均匀，平均晶粒尺寸分别为 10.9μm、12.9μm 和 15.0μm。拉伸力学试验结果表明，退火后的 Mg-Nd-Zn-Zr、AZ31 和 WE43 管的屈服强度分别为 123MPa、172MPa 和 113MPa，伸长率分别为 26%、16% 和 10%。电子背散射衍射分析表明，成形的 AZ31 镁合金管材在退火后具有较强的（2$\bar{1}$10）织构组分，且沿挤压方向拉伸时的 Schmid 因子较小，而 Mg-Nd-Zn-Zr 和 WE43 管材基面滑移的 Schmid 因子值较大。Yuan 等提出了一种将静压挤压与圆形等通道角压成形相结合（hydrostatic extrusion integrated with circular equal channel angular pressing，HECECAP）的新工艺，用于 AZ80 镁合金管材的制备，这种方法可以将小直径的小方坯挤压成大直径的管。当挤压比为 2.77，锥形芯棒角为 120°时，最大极限抗拉强度为 335MPa，拉伸屈服强度达 308MPa，伸长率为 7.2%。Hwang 等采用单缸挤出机对镁合金空心螺旋管的挤压工艺进行了分析和试验。系统地讨论了模具轴承长度、螺旋角、挤压速度、初坯温度等对径向填充比、最大挤压载荷和产品温度的影响。随后，对成形管材的横截面进行了显微组织观察和硬度测试，研究表明：管材的晶粒尺寸由 40μm 细化至 8.5μm，显微硬度（HV）由 52 提高到 64。Shatermashhadi 等提出了一种利用方坯进行反向挤压成形管材的新方法。与传统的反挤压相比，该工艺最大的优点是成形力较低，成形管材的有效应变高于传统反挤工艺，有效应变沿制件长度方向均匀分布，最终使得组织和性能分布均匀。Abdolvand 等针对超细晶薄壁管材的生产，将平行管状等通道挤压（parallel tubular channel angular pressing，PTCAP）工艺和管材反向挤压（tube backward extrusion，TBE）工艺相结合。采用这种新的组合大塑性变形方法加工 AZ31 镁合金管材时，实现了明显的晶粒细化。结果表明，该方法能较好地制备高强度薄壁管，显微硬度（HV）由初始值 38 提高到 70。Eftekhari 等运用平行管状等通道挤压工艺，对 AZ31 镁合金管在 300℃条件下进行了四道次的挤压，研究了不同温度和应变速率下处理样品和未加工试样的力学和微观结构特征。在进行了一道次 PTCAP 后，平均晶粒尺寸从 43μm 细化到 11μm，随着 PTCAP 的进行，晶粒尺寸分布更加均匀。经过四道次的平行管状等通道挤压后，平均晶粒尺寸降为 6.8μm，断裂伸长率达到 281%，断口扫描结果显示，以断裂机制韧性断裂为主。Zangiabadi 等提出管状等通道挤压（tube channel pressing，TCP）工艺。工业纯铝经五道次 TCP 处理后，没有发生任何断裂或裂纹，使退火管的屈服应力、抗拉强度和硬度提高了 2 倍，管壁中厚处的硬度分布最大，内壁和外侧面的硬度分布最小。Wang 等提出管材旋转反向挤压（rotating backward extrusion，RBE）成形方法。运用 RBE 工艺在不同转速下成功地加工出长度为 28mm 的镁合金管材，新的反挤压工艺与传统的反挤压相比，生产同样产品所需的挤压力可减少 20%，整个样品的有效应变值均有明显差异，平均有效应变值为普通反挤压制品的 3 倍左右。Motallebi 等提出管材静液循环膨胀挤压（hydrostatic tube cyclic expansion extrusion，HTCEE）工艺，用于生产较长、较大的超细晶（UFG）管。为探讨该工艺的适用性，对工业纯铜管进行了加工，并对其力学性能和显微组织进行了测试。结果表明，初始晶粒尺寸为 65μm 的纯铜管坯，经一道次的挤压后，晶粒尺寸减小到 150nm 以下，屈服强度和极限强度分别由原来的 75MPa 和 207MPa 提高到 270MPa 和 345MPa，伸长率从 55%下降到 41%。在塑性损失很低的情况下，强度有了显著的提高，显微硬度（HV）由初始值 59

提高到 133 左右，表现出良好的均匀性，该方法具有很好的应用前景。Abu-Farha 等结合搅拌摩擦工艺和反挤压工艺，设计出新型管材复合成形工艺。结果表明，该工艺能够生产结构良好、无空隙的管材；通过光学显微镜清楚地观察到搅拌区的存在，晶粒明显细化。由于传统的镁合金管材成形工艺会造成成形管材的组织不均匀以及强烈的基面织构的缺点，近年来，各国学者开始结合大塑性变形的特点，提出了基于大塑性变形的新型镁合金管材的成形方法，利用这些工艺能够显著细化晶粒，调控织构。

学者们将新型变形方法引入镁合金管材的塑性成形过程中，进行晶粒细化和织构调控，来提高镁合金管材的力学性能和二次成形性能及精度。Abdolvand 等采用平行管状等通道挤压（PTCAP）和反向挤压（TBE）相结合的方法在 AZ91 合金上制备超细晶薄壁管，并进行了相应的实验。结果表明，复合工艺制备的薄壁管的极限强度、屈服强度和显微硬度均有显著提高，晶粒得到了显著的细化。采用三通组合工艺将晶粒尺寸从初始值 150μm 细化到 8.8μm。Faraji 等利用多种复合挤压工艺来制备镁合金管材，达到了良好的效果。Yu 等提出了一种新型的圆柱管强塑性变形方法即旋转挤压，结果表明，随着转数的增加，管材的显微硬度降低，基体和第二相趋于均匀，再结晶过程中发生了动态再结晶。沈群等提出了一种将静水压力挤压与圆等通道挤压集成工艺（hydrostatic extrusion integrated with circular equal channel angular pressing，HECECAP），利用该工艺对 AZ80 镁合金管材进行了制备。利用这种方法可以将较小直径的坯料成形为大直径的镁合金管材。研究结果表明静液扩径成形的 AZ80 镁合金管材的抗拉强度得到了极大的强化。Cao 等采用旋压技术制备 AZ80 镁合金高精度、力学性能好的薄壁管材，并得到优化的工艺参数；Wang 等采用液压管高压剪切技术，在液压条件下剪切镁合金管产生梯度超细晶；Hwang 等挤压出镁合金中空螺旋管；Abu 对搅拌摩擦反复挤压工艺进行了研究，并最终成功挤出细晶管材；Faraji 等采用管壁多次等通道挤压挤出 AZ91 管材；唐伟能等利用 Mg-Gd-Zn 合金空心锭成功挤出无缝管材，这种无缝管材较 AZ31 镁合金具有更弱的基面纤维织构；Wang 等结合半固态成形和多坯料共挤技术开发出触变共挤短流程技术来加工双层金属管；Ge 等结合等通道挤压和普通正挤压加工出了 ZM21 镁合金生物管状可降解支架；Shi 等成功地将等通道挤压与分流模挤压技术相结合制造板材，显著细化镁合金晶粒；Shatermashhadi 等采用反挤压成形管材；石磊等采用等通道螺旋转角挤压塑性成形方法，显著地细化了镁合金晶粒。Liu 通过热挤压、冷轧和拉伸等工艺，分别成功制备了外径为 3mm、壁厚为 180μm 的 Mg-Nd-Zn-Zr、AZ31 和 WE43 生物可降解支架管材。李鹏伟等采用反挤压塑性成形工艺成功挤出 AZ31 镁合金薄管，确定了最优化模具结构和挤压工艺参数；张文丛等利用镁合金细管成形新技术（即静液挤压技术），制备出高强度、高韧性的 AZ31 镁合金薄壁管材；方刚等利用热反挤压-冷拉拔加工工艺制备壁厚 0.27mm 的 ZK30 镁合金微薄细管；韩杰利用两道次挤压工艺细化晶粒，在再结晶退火后，采用中间退火工艺与多道次冷拉拔工艺相结合，得到 Mg-Zn-Ca 和 Mg-Zn-Ca-Y 薄壁管材；Furushima 等采用等径角挤压工艺结合传统挤压工艺、无模拉拔来加工 AZ31 薄壁管材；Babaei 等采用循环膨胀挤压工艺制备出 AZ91 超细晶管材。

上述学者提出的镁合金薄壁管材新型塑性加工方法可显著细化镁合金晶粒和第二相、弱化基面织构，显著提高强度韧性，提高零部件的二次成形精度。Faraji 等针对挤压好的薄管采用多道次管状等通道挤压和平行管状等通道挤压（PTCAP）来制备超细晶 AZ91 和 AZ31C 镁合金管材；Zangiabadi 等采用多次管状等通道挤压制备细晶管材；TCAP、PTCAP、TCP 技术可引入剪切大塑性变形，促进动态再结晶发生，细化微观组织并弱化{0002}基面织构，提高镁合金管材综合性能；但具有明显的缺点：管材的制备需要增加工序，要达到细化晶粒的目的需要多次塑性变形，镁合金易氧化工艺复杂不能进行连续生产，成形材料的尺寸有限。

学者们围绕镁合金的晶粒细化和织构调控方面做了大量卓有成效的研究。通过引入剪切变形，改变成形过程中外加应力的取向，能够有效改变变形镁合金的织构，目前有效引入剪切应力、弱化织构的变形方式有等通道挤压变形、异步轧制、交叉轧制、表面摩擦磨损等。

王慧远教授等通过在 Mg-6Al-3Sn 轧制中铺设波浪形模具和硬板轧制来弱化基面织构和细化晶粒，从而获得高强高韧相结合的 AZ91 镁合金板材；巫瑞智等采用累积叠轧技术细化晶粒，获得了力学性能较好的 Mg-8Li-3Al-1Zn 合金；Jiang 等研发 Mg-Zn-Ca-Mn 合金并进行挤压而获得了优良的强塑性，细小的 Mg_2Ca 和 α-Mn 的动态析出阻碍了动态再结晶晶粒的长大，对预锻 Mg-Zn-Gd 合金进行慢速挤压弱化了基面织构，同时提高镁材的强度和韧性；Jiang 等采用非对称挤压细化晶粒，弱化基面织构；Hono 等采用高压扭转和快速退火相结合制备了强韧性结合的超细 Mg-Zn-Zr-Ca 合金；Fadaei 等采用螺旋等通道挤压制备出细晶 AZ80 镁合金，其与普通等通道挤压制备的镁合金相比强韧性显著提高；Ding 等采用搅拌摩擦和高能球磨相结合的方法制备了强韧性兼有的纯镁和 AZ31 镁基复合材料，显著地细化晶粒并使得基面织构随机化；Ma 等采用十六道次等通道挤压制备了 $Mg_{94}Y_4Zn_2$ 合金，显著细化了微观组织并提高了强韧性。Zarei-Hanzaki 等对 Mg-Y-Nd-Zr 合金进行了五道次的多向锻造，粒子激发形核机制使得平均晶粒尺寸显著降低，基面织构弱化。Wang 等提供了交错挤压（SE）工艺来解决镁合金弯曲产品的制造瓶颈。研究了不同挤压比对 SE 法制备的 AZ31 镁合金弯曲产品的影响，通过 SE 工艺控制 AZ31 镁合金弯曲产品的弯曲行为是可行的。Whalen 等通过剪切辅助加工和挤压（ShAPE）从铸坯和 T5 调质棒中进行摩擦挤出了 ZK60 镁管，通过实验证明了批量 ZK60 镁合金挤压件可以在一个步骤中制造，其微观结构是常规挤压无法获得的。

Yu 等研究了镁合金等通道挤压，最终形成了均匀细晶组织，平均晶粒尺寸约为 2.5μm，这反映了 AQ80 镁合金经过旋转挤压的变形行为和微观组织演变。结果表明，旋转挤压的流动应力明显低于直接向后挤压的流动应力。当转数增加时，等效应力减小。Wang 等采用不对称舷窗模具挤压技术，用于制造 AZ31 镁合金薄板，使 APE 片材可成形性提高，由 APE 引起的微观结构纹理控制可以增强 AZ31 板的室温拉伸成形性。Feng 等研究了 AZ31 镁合金在半固态挤压（SSE）过程中的组织演变和力学性能，并将其与传统挤压（TE）进行比较。结果表明，在半固态挤压过程中同时发生非平衡结晶和塑性变形。在整个 SSE 过程中，新细晶粒的成核速率显著高于 TE，通过 SSE 挤出的镁合金具有均匀的微观结构、细小的晶粒尺寸、减弱的组织和改善的机械性能。贾彭彭等通过连续锻造挤压的简单常规挤压方法成功制造了高度均匀的超细 Mg-3Al-1Zn 合金。连续锻造挤压后，Mg-3Al-1Zn 合金的平均晶粒度被细化为 0.6μm，形成了超细晶粒（UFG）。AZ31 合金具有 307MPa 的屈服强度和 26.3% 的延展性。改善的机械性能主要归因于晶界增强和织构减弱。Mupe 等锻造的 AZ31 合金首先在低至 373K 的温度下采用非线性扭曲挤压（NTE）的新扭曲挤压技术实现了变形，并且在相对中等的应变速率下，试样没有破裂。AZ31 合金经过 1 次 NTE 的晶粒细化和位错累积后，具有最高的均匀性，从而提高了机械性能，获得了最高的硬化度。

为了缩短工艺流程，提高生产效率，采用连续可变通道直接挤出（CVCDE）方法加工高性能镁合金板材。Wang 等研究发现采用 CVCDE 方法可以同时控制板材的形状和性能。实验研究结果表明，与常规的直接挤压（CDE）方法相比，CVCDE 方法促进了镁合金薄板的晶粒细化，减少了孪晶的形成，并增加了再结晶晶粒的体积分数。与 CDE 相比，使用两个临时模具的 CVCDE 工艺会产生更大的累积变形，从而导致组织的动态再结晶和晶粒细化。薄板的中间和垂直部分的平均晶粒尺寸分别细化了 47.1% 和 23.1%。项瑶等利用正挤压-弯曲剪切变形新工艺制备了 AQ80 镁合金板材，研究结果表明：正挤压-弯曲剪切变形使 AQ80 镁合金发生完全动态再结晶，面织构被削弱，综合力学性能优良。张旭星采用高应变速率轧制 AM60B 板材，利用高应变速率的近冲击变形引入的高密度孪晶诱导形成超细层片结构，实现单道次高应变速率轧制板材的强化。并利用剪切带和动态再结晶交替分布形成的层状双峰组织实现了双道次高应变速率轧制板材的强韧化。

Lu 等进行了具有大塑性变形的双重挤压，以制造具有高可塑性的 Mg-Nd-Zn-Zr（JDBM）微管（外径 3.5mm，厚度 0.25mm），用于可生物降解的血管支架。二次挤压显著地细化了晶粒尺寸，增强了材料的伸长率。Jin 等通过摩擦搅拌处理（FSP）然后进行时效处理改善铸态 AE42 含稀土镁合金的微观结构并改善了其机械性能。

FSP 导致晶粒细化和微观结构均质化。FSP 后，基础织构形式消失，$Mg_{17}Al_{12}$ 和 $Al_{11}RE_3$ 相消失，同时出现新的 Al_2RE 相。稀土镁合金具有显著的时效强化效应，大大拓展了镁合金的应用领域，通过稀土合金化提高镁合金强韧性、耐蚀性、耐热性是当前的研究热点，是镁合金材料研发的前沿。丁文江等制备出光洁度、同轴度、平直度高的 Mg-Nd-Zn-Zr 镁合金管材；Jin 等挤压获得 GW83 和 AZ31 镁合金管材，GW83 合金中织构弱化，具有较低体积分数的孪晶、多位错滑移；谢志平用 Mg-Gd-Y-Zn-Zr 合金成功挤压出大型圆锥筒形构件；陈荣石等用 Mg-Gd-Zn 合金空心锭挤压获得无缝管材，较 AZ31 管材具有更弱的基面织构，室温塑性更好。Bai 等通过舷窗模具挤压新开发的高强度合金 Mg-Al-Zn-RE 的管材。在通过挤压过程的有限元模拟优化的条件下，挤压出具有矩形截面的镁合金管。显微组织观察表明，镁合金在热挤压过程中经历了完全动态再结晶（DRX）。此外，大量动态地从镁基体中析出的细颗粒分布在晶界上。经过微观结构的急剧演变，细晶粒和颗粒显著增强了挤压镁合金的强度。Guo 等通过热挤压并在 653K 下以 105 的挤压比快速冷却，成功制造了外径为 3.0mm、壁厚为 0.35mm 的细粒 Mg-2Zn-0.46Y-0.5Nd 合金微管，研究结果发现快速冷却（如水冷）的合金性能优于空冷的合金。

郑兴伟等在研究稀土镁合金无缝管材制备过程中，开展了模具结构优化和正反挤压过程的有限元研究。结果发现合理的凸模圆角半径和挤压角可以改善挤压流场、应变分布及降低挤压力。挤压温度对流场影响较小，挤压力随着摩擦因数增加而增加。廉振东等对 AZ80+0.4%Ce 镁合金薄壁管进行了等温挤压-拉伸成形试验，结果表明，在 350℃反挤压并拉伸成形时金属流动性较好，晶粒发生了完全动态再结晶，有效地细化了镁合金的组织，平均晶粒尺寸为 8.4μm。通过稀土合金化可以得到弱化的镁合金基面织构，细化晶粒，提高了塑性，改善了各向异性，常用的稀土元素包括 Y、Ce、Gd 等。

学者们将新型塑性变形方法引入镁合金管材的成形，Dong 等使用旋压加工精度高、力学性能好的 AZ80 镁合金薄壁管材，晶粒尺寸比挤压和轧制管材更细小，基面织构沿轴向倾转；Wang 等采用液压管高压剪切技术加工梯度超细晶管材；Hwang 等挤压出镁合金中空螺旋管；Abu-Farha 通过摩擦搅拌反挤压生产细晶管材；Abdolvand 等采用管壁多次等通道挤压和反挤压成形相结合制备出超细晶 AZ31 镁合金薄管；Wang 等结合半固态成形和多坯料共挤技术开发出触变共挤短流程技术，成功制备了双层金属管；Ge 等结合等通道挤压和普通正挤压加工出 ZM21 镁合金生物管状可降解支架；杨合等提出了等通道螺旋转角挤压变形方法，显著细化了镁合金晶粒。

Liu 等采用热挤压-冷轧-拉伸分别成功加工出外径为 3mm、壁厚为 180μm 的 Mg-Nd-Zn-Zr、AZ31 和 WE43 生物可降解支架管材；崔建忠等采用反挤压成功制备了 AZ31 薄管，并确定了最优模具结构和工艺参数；于洋等采用细管静液挤压成形技术制备出一种高强韧 AZ31 镁合金薄壁细管；方刚等采用热反挤压-冷拉拔制备出壁厚 0.27mm 的 ZK30 镁合金微细管；韩杰采用两道次挤压细化晶粒，再结晶退火后，采用多道次冷拉拔结合中间退火工艺，得到 Mg-Zn-Ca 和 Mg-Zn-Ca-Y 薄管；Furushima 等采用等径角挤压工艺结合传统挤压工艺、无模拉拔来加工 AZ31 薄壁管材；Babaei 等采用循环膨胀挤压制备 AZ91 超细晶管材；Zhang 等采用静液挤压和圆环等通道挤压结合制备出强韧性较好的 AZ81 镁合金管材；Sepahi-Boroujeni 等采用多道次 H 型管材双等径侧向挤压制备细晶 AZ81 镁合金；Jamali 等采用等温径向挤压制备 AZ91 镁合金细晶管材。

Samadpour 等利用高温下的静液压管循环膨胀挤压来生产相对较长的超细颗粒 AM60 镁合金管，并且有限元结果显示，与传统方法相比，HTCEE 过程中所需载荷的降低非常显著（降低了约 85%），应变均匀性也提高了。这种方法对于未来的工业应用似乎非常有前途。Yan 等通过在 693K 下进行多通道可变壁厚挤压（VWTE），制造了壁厚为 0.6mm 的 AZ80 + 0.4%Ce 合金超薄管。局部加热的无模拉拔是制造镁合金微管的有效方法。Du 等采用无模拉拔工艺有效地制造了镁合金 ZM21 微管。Sepahi-Boroujeni 等通过 HTP 操作，在几个半周期内对管状样品进行了双向横向挤压，在高温下对铸态 AZ80 镁合金进行了高达两道次（4 个半周期）的 HTP 工艺实验，通过 HTP 工艺的前半周期，平均晶粒尺寸减少了 73%。此外，与铸态相比，屈服应力和伸长率分别提高了 90%，而极限抗拉强度和显微硬度分别提高了 100% 和 58%。Li 等采用水冷热挤压、多道次冷拔和最后退火处理的改进方法成功地制备了外径为 2.46mm、壁厚为 0.14 mm 的 Mg-Zn-Y-Nd 合金微管。

在塑性加工领域，一些研究者开发了新的镁合金管材加工技术，这些技术能够有效地细化合金的微观结构并减少基面织构，为当前项目提供了重要的参考。Faraji 等通过多次实施管状等通道挤压（TCAP）和平行管状等通道挤压（PTCAP）工艺，成功制造了超细晶粒的 AZ91 以及 AZ31、AZ31C 镁合金管材；同时，Zangiabadi 等利用管状等通道挤压（TCP）技术生产了细晶管材。TCAP、PTCAP 和 TCP 工艺通过引入显著的剪切塑性变形，激发动态再结晶，从而细化微观结构并减少基面织构，进而提升管材的整体性能。然而，与双挤压剪切（TES）工艺相比，这些方法存在一些明显的不足之处：为了实现晶粒细化和织构调控，需要多次热塑性变形，这使得工艺变得复杂，无法连续生产，且成形管材的尺寸受到限制。

根据这些研究论文的综合分析，可以得出结论，为了使镁合金管材的各项性能达到预定标准，目前较为实用的方法就是在变形过程中引入挤压剪切，通过各种特殊的挤压技术实现晶粒细化和织构弱化。许多学者正在尝试不同的挤压技术，实验结果表明，这些特殊的成形方法能够显著提高镁合金管材的性能。除了挤压技术，另一种显著提升镁合金管材性能的方法是在合金中添加稀土元素。研究表明，添加 Y、Ce、Yd 等元素可以增强镁合金的韧性、耐蚀性，并减少其织构。

　　尽管已有大量研究致力于镁合金的加工方法，并且通过挤压获得的材料性能有了显著提升，但许多实验仍然停留在实验室阶段，难以实现工厂的大规模生产。这主要是因为目前研究的镁合金管材质量还不够稳定，且通过挤压获得的产品成本较高。

1.7　有限元法简介

1.7.1　DEFORM-3D 有限元软件

　　有限元法是基于数学力学原理，运用计算机信息分析手段，获取复杂工程问题及科学研究的定量化结果，也被称为"虚拟实验"；复杂微分方程近似解是现代仿真技术的重要基础，通过加权残值法和泛函极值法，运用数值化离散技术，最终体现在有限元分析软件上。随着电子计算机的发展，有限元分析软件集成了很多模块。例如，集成化模块包含多种多样的材料库；通用化模块包含静力场分析、动力场分析、热传导、电磁场等；输入智能化模块包括单元网格的划分、图形方法的表达；输出结果可视化模块包括应力场、位移场、流态场等。有限元法的优点在于可优化设计、分析结构损坏原因、提出改进措施、理论基本成熟、软件功能强大、根据需要配置密疏节点、可对不同材料计算分析、描述简单、便于推广等；使用的有限元软件为 DEFORM-3D，是由美国科学成形技术公司研发的，适用于热、冷、温成形及热处理工艺的数值模拟，一般应用在钢铁、航空、车辆、轮船、机械等领域。DEFORM-3D 主要由三个模块构成：前处理器（pre-processor）、模拟处理器（simulator）、后处理器（post-processor）。其中，金朝阳等采用有限元分析软件对等通道挤压进行分析，发现不同变形温度对镁合金的晶粒尺寸演变影响显著；刘鲁铭等采用有限元分析软件对 AZ31 镁合金压痕-压平复合成形工艺进行研究，得出了合理的几何模型及相关设定参数；赵玲杰等对挤压-剪切变形工艺进行 DEFORM-3D 软件分析，得出挤压温度、挤压速度、挤压比等最佳的工艺优化参数；吴战立将有限元模拟和实验相结合对等径角挤压-扭转（ECAE-T）新工艺进行研究，得出各工艺参数对新工艺 ECAE-T 变形行为的影响规律；谢江怀等利用有限元软件对 AZ31 管材轧制热力耦合进行模拟，得出下压量与温度场之间的关系；由以上研究大量的数值模拟可知，DEFORM-3D 有限元分析软件在塑性成形领域中使用已相当成熟。

1.7.2　元胞自动机

决定宏观力学性能的主要因素在于金属的微观组织，在热塑性变形过程中，金属的微观组织会发生动态再结晶、静态再结晶，并伴随着动态回复、静态回复等一系列的变化，直至形成新的晶粒。当材料的合金成分确定后，影响晶粒演化的外在因素为：温度、速度、应变、应变率；因此，在变形过程中控制温度、变形量和变形速度，从而达到改善产品的微观组织和力学性能的目的。

在 ECAP 过程中元胞自动机（cellular automata，CA）有限元模拟法可以显示出 AZ31 镁合金微观晶粒组织演变，因此，控制加工工艺、改善合金固有机理对塑性成形加工影响显著。CA 又称为方块自动机，最早是由数学科学家冯·诺依曼提出的，目的是用于模拟生物学中的自复制行为。

1986 年 Wolfram 将 CA 应用于流体力学及反应扩散系统中；经过初步深入研究，目前元胞自动机预测微观组织演化的技术和方法已日臻完善。CA 在材料加工过程中应用也非常广泛，它是一种简单的局部规则和离散化的模拟方法；在热塑性加工过程中金属材料受到高温、变形双重作用产生加工硬化及动态再结晶，同时还伴随着动态回复、静态再结晶及晶粒长大等一系列的微观组织变化，这些变化都能通过 CA 表现出来，其中动态再结晶和变形后的静态再结晶控制平均晶粒尺寸大小，影响变形抗力；因此，准确预测和控制材料动态再结晶和静态再结晶过程对晶粒组织的变化具有十分重要的意义。

相比较而言，传统的应用大多通过对过程参数的计算来表述，需要很大的试验量，不能给出晶粒结构的形成及长大的具体过程，因此，目前使用 CA 模拟热塑性变形过程中微观组织演变是最佳的选择，它可以获取晶粒尺寸的大小、晶粒的分布范围和晶粒状态等信息，为选择合理的热塑性变形工艺提供科学依据。

用微观组织演变规律的数值模拟来预测控制试样加工工艺及综合机械性能受到很多学者的关注，Hesselbarth 等利用 CA 模拟静态再结晶过程，系统研究了不同模型参数及算法对再结晶晶粒形核、长大的动力学影响，国内学者李殿中对晶粒长大过程进行 CA 模拟，通过元胞转化规则（包括物理机制、驱动机制、消耗扩散机制等），实现晶界迁移晶粒长大。Zheng 等使用 CA 模拟动态再结晶过程，通过位错密度的演化生动地展现了动态回复、晶粒形核及长大的具体过程。Hallberg 等模拟纯铜不连续再结晶晶粒演变过程，当应变达到规定的应变量时动态再结晶就可以发生，而这个规定值就是动态再结晶的临界应变值。随着动态再结晶的发生，晶粒的应变能会减小甚至消失，未发生动态再结晶的晶粒将仍保留高应变能；这种应变能的差异导致动态再结晶的驱动力不同。由于微观组织演变的过程非常复杂，因此热塑性变形过程中晶粒的演变可以用 CA 模拟。

1.8 小　　结

近年来，汽车和工业对高性能材料的需求日益增长，镁合金因其轻质、高强韧性等优点而备受关注。然而，镁合金在实际应用中存在强度较低、高温性能差等问题，限制了其在关键结构部件和耐热零部件方面的应用。为解决这些问题，研究人员探索了多种提高镁合金强韧性的方法，包括多元合金化、晶界和析出第二相的设计与控制、新型塑性变形细化晶粒等。

镁合金的塑性变形主要体现在晶界特征、晶面滑移和孪晶等方面。通过促进滑移面的滑移、孪晶的发生及晶粒的转动，提高晶界强度、调控晶粒取向及分布，可以有效提高镁合金的塑性。此外，采用大塑性变形技术如等通道挤压、连续挤压、变通道挤压等，可细化晶粒，调控织构，提高镁合金的力学性能。

在镁合金成形领域的最新研究进展中，学者们一致认为，通过合金化、热变形以及动态再结晶等手段对镁合金的晶界和织构进行有效调控，能够显著提升其力学性能。例如，等通道挤压能够在不改变制品横截面大小的情况下，使镁合金毛坯在加工时获得较大的应变量，从而获得组织结构均匀的镁合金制品。此外，往复挤压、高压扭转等大塑性变形技术也被广泛应用于镁合金的晶粒细化。

除了大塑性变形技术，学者们还尝试了多种复合工艺和联合工艺，如挤压与轧制、挤压与锻造等，以期获得更好的镁合金性能。例如，通过铸造和塑性变形两阶段的联合工艺，可以改善镁合金的性能，提高其综合性能。

在镁合金管材的成形技术方面，传统的挤压工艺可能会导致管材组织不均匀和强烈的基面织构，影响其力学性能。为了解决这些问题，研究人员开发了多种新型变形方法，如等径角挤压、往复挤压、高压扭转等，这些方法能够显著细化晶粒，调控织构，提高镁合金管材的力学性能和二次成形性能。

此外，有限元法作为一种数值模拟方法，在镁合金成形研究中也发挥了重要作用。通过模拟镁合金在不同工艺条件下的成形过程，可以预测材料的微观组织演变和力学性能，为工艺参数的优化提供依据。CA 法作为一种模拟微观组织演变的方法，可以预测和控制材料在热塑性变形过程中的晶粒组织变化，为选择合理的热塑性变形工艺提供科学依据。

总之，通过不断的研究和探索，镁合金的制备及成形加工技术已取得了显著进展，为推动镁合金产业的快速发展提供了技术支撑。未来，随着新材料、新工艺的不断涌现，镁合金在汽车、航空航天等领域的应用前景将更加广阔。

第2章　镁合金管材挤压剪切成形过程实验及方法

2.1　镁合金管材挤压剪切成形过程数值模拟

2.1.1　数值模拟研究的目的

在数据指标中挤压力的预测非常关键，通过计算机模拟的挤压力可以准确地预测实验的可行性及加工过程中的情况；将模拟结果与模具结构设计结合，可以达到减少实验成本、提高模具设计效率的目的，从而大大缩短研发周期。

2.1.2　物理模型的建立

首先建立物理模型，包括坯料的材料特性、凸模、凹模、成形温度及工件之间的摩擦规律等模型；采用 AZ31 镁合金的本构关系（力学模型），而工件之间的摩擦规律即坯料与模具、挤压筒、挤压杆及芯轴之间的摩擦关系用式（2.1）表示：

$$f = m_f k \tag{2.1}$$

式中，f 为摩擦力；m_f 为摩擦因子；k 为材料的剪切屈服应力，本构关系是金属材料塑性加工有限元分析模拟的前提条件。

为了利用 DEFORM-3D 塑性有限元分析软件对 AZ31 镁合金塑性成形进行数值模拟，首先需要建立 AZ31 镁合金的材料数据库，因为在 DEFORM-3D 中没有这种材料，这里采用 Gleeble1500 热-力学模拟试验机对不同变形速率及温度下 AZ31 镁合金变形情况进行研究，采取正交试验方案如表 2.1 所示。

有限元几何模型的建立，通过 UG 软件绘制挤压杆、芯轴、工件、挤压筒等三维模型，用 UG 自带功能将每部分 STL 格式文件导出并保存；打开有限元 DEFORM-3D 软件，找到前处理器模型输入接口将保存的 STL 格式文件导进去，从而完成有限元软件的三维实体模型的建立。挤压杆、挤压筒、芯轴和模具均采用 H13 钢，不考虑受力及变形情况，因此将工件材料定义为塑性体，将挤压杆、挤压筒、芯轴和模具定义为刚性体，将运动关系定义为模具、芯轴不动，挤压杆为主动件，坯料为从动件。

表 2.1　测量 AZ31 镁合金变形性能正交试验设计

方案	温度/℃	应变	应变速率/s^{-1}
一	250	0.1	0.001
二	300	0.2	0.01
三	350	0.3	0.1
四	400	0.4	1

2.2　镁合金管材挤压剪切成形实验

2.2.1　实验目的

证明设计的管材挤压剪切成形模具结构能够连续生产挤压-剪切管材，并使加工后的管材具有均匀细小的晶粒组织及可调控的晶粒织构。

2.2.2　实验方法

实验是在主缸公称力为 2500kN 的多缸伺服同步挤压机上进行，其模具挤压筒直径为 40mm。实验用的是商用 AZ31 镁合金管材。坯料挤压前要将原始材料加工成外直径为 39.8mm、内直径为 20.4mm 的 AZ31 镁合金管材，然后模具和坯料分别加热 3h 左右，模具加热使用加热棒，坯料加热需要放在加热炉中。当达到所需温度后，为了防止热量扩散，挤压筒温度不得低于坯料 20℃，应迅速地将管材放到预热的挤压筒中。这时操作多缸伺服同步挤压机进行挤压，最终挤压出所需管材；管材挤压剪切成形工艺实验的流程如图 2.1 所示。

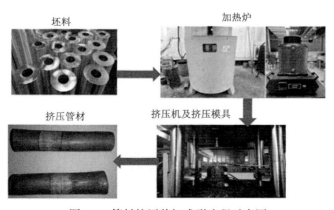

图 2.1　管材挤压剪切成形流程示意图

2.3　金 相 实 验

2.3.1　实验目的

研究金属材料低倍组织常用的实验手段一般选择金相实验，该实验可以对不同工艺及状态下的合金进行金相观察，研究合金组织的均匀性及处理后材料析出相的形态及分布，通过金相实验来说明组织对性能的影响及作用机制。

2.3.2　实验步骤

金相实验步骤包括薄壁管材的取样、砂纸的磨制、腐蚀液的腐蚀、金相实验的拍照。

取样：在取样的过程中应选取具有代表性的截面，所取截面试样的金相组织尽量与原部件一致。

磨制：将试样沿 100 目粗砂纸同一方向磨，直到磨出的划痕方向一致，然后更换下一张 400 目的砂纸，这时试样沿顺时针变换 90°，继续磨制直到看不见上一张砂纸磨出的划痕，这样依次进行最大砂纸可达 1600 目。

腐蚀：用镊子将浸入腐蚀液的小棉球快速涂在金相表面上，5～30s 后用清水冲洗，之后再使用乙醇二次洗涤，并用洗耳球或吹风机将试样吹干。

拍照：前面工作准备就绪后，找出试样合金相清晰、晶界界面明显及层次感强的地方，用徕卡 DMI5000M 金相显微镜进行拍照。

2.3.3　腐蚀液的配制

金相实验中很重要的一环就是腐蚀液的配制，它决定着金相实验的成败。因为在腐蚀的过程中时间太短腐蚀的效果非常不明显；时间太长容易腐蚀过头，同样达不到实验效果，一般腐蚀时间从几秒到几十秒不等，显微镜下能清晰分辨组织为判断最佳标准。本实验中所使用的腐蚀液为 3g 苦味酸、20mL 乙酸、50mL 乙醇、20mL 蒸馏水所配制的溶液。

2.4　晶粒尺寸测量

采用截线法测量晶粒大小，其中平均截距长度 L 为

$$L = \frac{1}{N_L} = \frac{L_T}{PM} \qquad (2.2)$$

式中，N_L 为单位划线长度上通过的晶粒数；M 为显微组织放大倍数；L_T 为在显微组织照片上，单位划线的总长度；P 为界面与测试线交点的个数。

AZ31 镁合金管材挤压剪切成形的过程中，试样沿着挤压方向晶粒会被拉长，所以在截线法测量晶粒大小时，划线的方向应与晶粒被拉长方向成 40°角最为合适。使用 ImageJ 计算机软件来进行粒径的尺寸计算，首先将拍照的清晰显微镜金相图导入 ImageJ 软件中，然后对不同放大倍数的金相图片设置标尺，最后在所选的金相照片上划线，划线要尽可能多划，划完后输出测试报告。

2.5　硬 度 试 验

2.5.1　实验目的

硬度试验的主要目的是经过对材料特殊硬化及软化处理来确定材料的适用性。在某种程度上硬度和强度可以相互转换，根据硬度实验测出的数据，可以大致估算材料的极限强度；因此，硬度值可以通过材料内部组织变化反映出来，从而用硬度值表征材料的均匀性。

2.5.2　实验原理及方法

显微硬度的测试实验原理是根据单位面积上压痕所承受的载荷来计算出硬度值。本书采用的是显微硬度（HV）测试法，它的压头为金刚石正四棱锥体，且压头的锥面为夹角 136°，压入角不变，载荷改变，压痕几何形状相近，因此可以随意选取载荷，而得到的硬度值相同。实验力 F 作用在压头上，金刚石锥体在试样表面压出正方形的压痕，经一段时间的保压后卸压，这时在平面上留下清晰轮廓正方形，不存在压头变形问题。测量出压痕对角线长度 d，用平均长度 $d=(d_1+d_2)/2$ 可以计算出压痕表面积 S，维氏硬度公式为

$$HV = \frac{P}{S} = \frac{P}{d^2/(2\sin\frac{136°}{2})} = 1.854\frac{P}{d^2} \qquad (2.3)$$

式中，HV 为维氏硬度；P 为负荷（kgf，1kgf≈9.8N）；d 为对角线平均长度（mm）。

若载荷 P 单位采用 N，则应乘以系数 1/9.8=0.102。此时公式为

$$HV = 0.102\frac{P}{S} = 0.102\frac{2P\sin\frac{136°}{2}}{d^2} = 0.1891\frac{P}{d^2} \qquad (2.4)$$

采用的硬度计是 HVS-1000 型数显显微硬度计,加载的载荷为 0.2kg,保压的时间为 10s;然后在试样的每个截取面上选取 20 个点,取其平均值。

2.6　电子背散射衍射实验

2.6.1　实验目的

电子背散射衍射(electron backscattering diffraction,EBSD)实验可以对普通挤压和管材挤压剪切成形过程中晶粒择优取向变化规律进行描述,同时还可以分析小角度晶界在两种挤压变形过程中的演化规律。

2.6.2　实验步骤

首先对管材挤压剪切成形前、后的样品切割成标准试样,然后在砂纸上打磨(砂纸型号顺序依次为#280、#400、#600、#800、#1000、#1200、#2000、#3000、#3500),打磨过程中用夹具固定试样并用水磨进行打磨。接着对其进行电解抛光,剖光液选用商用 AC Ⅱ,本实验中所使用的 AC Ⅱ 为 800mL 乙醇 + 100mL 丙醇+10g 羟基喹啉+18.5mL 蒸馏水+75g 柠檬酸+15mL 高氯酸+41.5g 氯酸钠;剖光时用液氮控制温度–30℃、工作电压为 20V,抛光在 0.01A 时的时间是 50s、在 0.02A 时是 1min50s、在 0.03A 时是 2min50s、在 0.04A 时是 4min 及在 0.05A 时是 4min30s 的时间段操作。电解抛光后在配置 ZEISS SIGMA HD 场发射扫描电镜的 X-MAX 50 大面积能谱(EDS)系统上和 NORDLYS MAX 高速电子背散衍射设备上进行观测,根据不同需要确定扫描区域,扫描步长为晶粒尺寸的 1/10~1/5,最后利用 AZtec-Version 2.4 软件对此进行分析,最终获得用来表征晶粒微观组织结构和织构的实验结果。

2.7　小　　结

本章内容围绕镁合金管材的挤压剪切成形过程进行了详细的实验与数值模拟研究。通过计算机模拟预测挤压力,评估实验可行性和加工过程,结合模拟结果优化模具设计,减少实验成本,提高研发效率。构建了包含材料特性、模具结构、成形温度和摩擦规律的物理模型,采用 AZ31 镁合金的本构关系和特定的摩擦模型。利用 UG 软件绘制三维模型并导出 STL 文件,通过 DEFORM-3D 软件建立有限元模型,定义材料属性和运动关系。在多缸伺服同步挤压机上进行实验,验证模具结构的连续生产能力和对管材质量的影响。通过取样、磨制、腐蚀和拍照等步骤，研究合金组织的均匀性和材料析出相的形态分布。使用截线法和 ImageJ 软件测量晶粒大小，分析挤压剪切成形过程中晶粒的变化。通过维氏硬度测试法测量材料硬度，评估材料内部组织变化和均匀性。使用 EBSD 技术分析晶粒择优取向变化规律和小角度晶界演化，表征微观组织结构和织构。

本章通过系统的实验和模拟方法，深入探究了镁合金管材挤压剪切成形工艺的各个环节，为提高管材性能和优化生产工艺提供了科学依据。

第 3 章 AZ31 镁合金管材挤压剪切成形模具设计及数值模拟

相对于锻造、轧制等塑性成形工艺来说，镁合金挤压管材工艺能更有效地改善镁合金塑性、细化晶粒组织、提高镁合金性能，同时其操作方便、灵活，可在一道工序上成形，生产的管材精度高、表面质量好。

3.1 管材成形方法分析及选择

挤压管材有三种挤压方法，首先是中空坯正向挤压，其次为穿孔挤压，最后为反挤压。反挤压适用于大直径管材，而实心坯穿孔挤压需很大的挤压力，且前端的实心堵头降低了材料的利用率，故采用空心坯料。按坯料挤压成形温度可分为三种情况，即冷、温、热挤压。冷挤压的特点是变形抗力大、流动性差、模具易损坏。温挤压虽可提高产品尺寸精度、减少氧化烧损、提高表面质量，但仍然存在氧化、热胀冷缩、模具寿命低等问题。热挤压成形可以减少材料变形抗力，有利于材料的挤出，不过也存在和温挤压一样的缺点。考虑到镁是密排六方晶格结构，塑性很差，因而采取热塑性挤压成形方法。

3.2 模具的设计

整套挤压模具包括挤压筒、挤压杆、穿孔针等，此外还有一些配件。由于挤压工具需要承受长时间的高温、高压、高摩擦作用，使用寿命比较短，消耗量很大，成本高。因此，正确地选择工具材料，设计工具结构、尺寸，制定合理的工艺规程是至关重要的。

3.2.1 挤压筒的设计

挤压筒是一种挤压工具，它可以容纳坯料和承受挤压杆传递的压力；并同挤压杆一起挤压坯料，限制坯料只能从模具孔中挤出。挤压筒的加热大多采用感应加热，将加热元件插入挤压筒上的孔洞中进行加热，加热的目的是使金属变形时流动均匀及挤压筒免受过烈冲击。挤压筒的尺寸（图 3.1）是根据挤压机吨位和作用及挤压垫上所受单位挤压力来确定的，一般情况来说，在保证挤压垫片上单位压力不低于金属的变形抗力时，可以选择最大挤压筒内径，但是由于挤压筒内径过大，作用在挤压垫片上的单位应力小，因此在满足工具强度的前提下挤压筒越小越好；挤压筒的长度 L_t 确定如式（3.1）所示：

$$L_t = L_0 + t + S \tag{3.1}$$

式中，L_0 为坯料长度；t 为挤压杆进入挤压筒的深度；S 为挤压垫片的厚度。

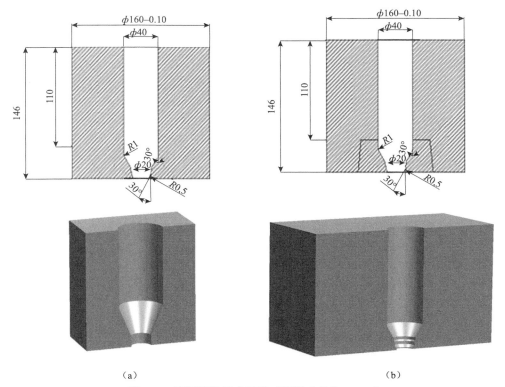

图 3.1　挤压筒的尺寸图及三维图（单位：mm）
（a）整体模具；（b）组装模具

挤压模具是一种用于挤压金属的挤压工具，坯料经过挤压从模孔流出，可以获得一定的横截面积制品，对产品的产量、质量、成品率及表面光洁度都有十分重要的意义；要求挤压模具具有耐高温、耐高压和耐摩擦特性，所以需要对模具参数进行慎重考虑。

模角的选择：模角在 15°～40°之间可以发挥最大效果，挤压比小可以取下限，挤压比大则取上限，这是摩擦条件变化的缘故。工作带长度：工作带又称定径带，过短模具易磨损制品形状不易保证，过长易导致金属黏结，进而引起表面划伤、毛刺和麻面等缺陷且挤压力需要很大，所以它的选择要合理，根据经验确定轻合金模孔工作带长度在 2.5～3.0mm 之间。模孔尺寸：模孔尺寸的选择需要考虑挤压制品的材料属性、加工形状、横截面的尺寸公差等；还需要考虑坯料与模具的热膨胀系数，模具的弹性变形，制品的断面尺寸收缩等因素。尺寸设计要保证冷状态下不超过所规定的偏差范围，延长模具寿命，通常用综合裕量系数考虑各种因素对制品尺寸的影响，即

$$A = (1+C)A_0 \qquad\qquad (3.2)$$

式中，A_0 为制品断面名义尺寸；C 为综合裕量系数，根据生产经验确定，一般镁合金 C 取值 0.015～0.020。

入口模具圆角半径：当坯料将流入挤压模具时，在模具进口处设置倒圆角半径 r，一方面防止塑性低的金属材料在挤压过程中产生挤压裂纹，另一方面可以减少金属的非接触变形，从而保证尺寸精度。查阅资料可知半径 r 的选取除了与挤压强度有关外，还与挤压温度、制品断面尺寸有关；挤压镁合金的模具圆角半径一般选择 $1.0 \leqslant r \leqslant 3.0$mm。组合模具外形尺寸：模具外形尺寸取决于挤压机吨位，外圆直径和厚度的选择不仅要考虑其所能承受的强度，还要考虑系列化生产及节约钢材等因素；一般来讲模具外圆最大直径 D_{max} 等于挤压筒内径的 80%～85%，模子厚度为 30～80mm，吨位大的选择上限；一般管材的挤压选择倒锥体，操作时逆挤压方向装入挤压筒中，其外圆锥度为 6°。

3.2.2 挤压杆的设计

挤压杆是将挤压机主缸压力传递给待加工坯料，使坯料发生塑性变形后从模孔流出形成挤压制品的一种加工工具。挤压管材选用空心挤压杆，且外径选择一般比挤压筒内径小，同时管材挤压杆内孔应比配备的穿孔针的最大外直径稍微大一些，避免变形后放不进去。挤压杆的长度等于坯料的长度，以便加工的坯料可以顺利挤出，因此挤压杆如图 3.2 所示。挤压杆的材料用高强度（σ_b=1600～1700MPa）的合金钢，一般选用 5CrNiMo、4CrNiW，硬度（HB）在 418～444 范围内；同时在顶杆的加工工艺流程中，保证杆身与挤压杆根部的不同心度≤0.1mm，两个端面对轴线摆动量≤0.1mm，挤压杆的杆身外圆与内孔表面粗糙度在 1.25～2.50μm 范围内。

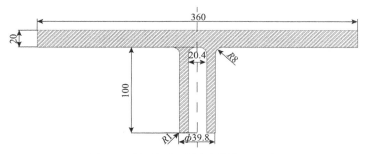

图 3.2　挤压杆尺寸图（单位：mm）

3.2.3　挤压针的设计

挤压针是坯料在挤压过程中对坯料进行穿孔并限制产品内孔尺寸的工具，它对保证管材内表面质量起决定性作用。挤压针的结构包括瓶式针、圆柱针及浮动针等，可根据挤压结构的实际情况及产品要求进行选择。根据挤压横截圆形面选择固定不动的挤压针，须在前端设置一段锥度有助于空心材的退出，针的锥度应以空心材壁厚负偏差为限，一般取 0.5°～0.6° 的锥度；针的工作长度等于坯料长度、模工作带长度及挤压针伸出工作带的长度之和，挤压针如图 3.3 所示。

图 3.3　挤压针尺寸图（单位：mm）

3.3　挤　压　工　艺

3.3.1　坯料尺寸的选择

坯料选择的原则：对坯料质量的要求，根据合金、技术要求和生产工艺而定；一般而言，为保证挤压产品断面组织均匀，还要对性能进行考虑，从而可以根据合金塑性图选择适当的变形量，应选择挤压时坯料变形程度大于 80%，而大多数选择 90% 以上；挤压产品时，应充分考虑压余量的大小和切除头部、尾部所需的金属量；铸锭尺寸加工完成后，必须确保挤压机的挤压力和模具所能承受的强度；为确保操作的顺利进行，在挤压筒与空心坯料之间和坯料与挤压针之间都应保留一定的空隙；而间隙的选择，必须考虑坯料热膨胀的影响。根据坯料挤压制品所要求的长度确定坯料的长度时，可用式（3.3）计算：

$$L_0 = K_t \frac{L_z + L_Q}{\lambda} + h_y \tag{3.3}$$

式中，L_0 为坯料长度（mm）；K_t 为填充系数；L_z 为制品长度（mm）；L_Q 为切头、切尾长度（mm）；h_y 为压余厚度（mm）；λ 为挤压比。

在实际挤压有色金属时，挤压所用到的坯料大多选择圆柱形；它的长度 L_0 一般选择为其直径的 2.5～3.5 倍。挤压生产工艺流程图如图 3.4 所示。

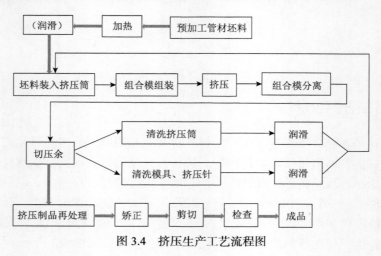

图 3.4　挤压生产工艺流程图

3.3.2　挤压比的选择

按理论来说，在选择挤压比 G 时，必须综合考虑合金的塑性及产品的性能，而实际生产过程中，主要考虑两个方面，一方面是挤压工具所能承受的最大强度，另一方面是挤压机所能允许的最大挤压力；在满足上述条件的基础上，为获取组织均匀且具有较高力学性能的制品，应尽量选择大的挤压比进行挤压，管材的挤压比计算公式如式（3.4）所示：

$$G = \frac{D_0^2 - d^2}{4(d-s)s} + 1 \tag{3.4}$$

式中，D_0 为挤压筒直径（mm）；d 为挤压管材直径（mm）；s 为挤压管材壁厚（mm）。

模具设计中最重要的一环就是选择挤压比，它的选择决定产品的尺寸；当应变量达到一定的标准时，这个标准就是动态再结晶所需的临界应变；挤压比越大，AZ31 镇合金形变的应变量越大，此时动态再结晶越充分，得到的组织越细小，综合力学性能也越好。然而挤压比不宜过大，过大需要的挤压力很大，有的甚至超过负荷能力，对模具的磨损非常严重，可能导致模具发生镦粗甚至破裂。因此，选取合适的挤压比是相当重要的。

3.4 DEFORM-3D 数值分析

使用 UG 三维建模如图 3.5 所示，从图中可以看出镁合金管材挤压剪切成形过程包括进料段、定径段、剪切段、整型段。定径段与第一剪切段之间由圆弧过渡，该圆弧半径为 r，这里取 1mm ≤ r ≤ 20mm，可以保证两端平滑过渡确保晶粒得到细化。定径段与第一剪切段及各剪切段之间的夹角均为 α，其范围为 90° < α < 180°，便于坯料受到剪切力从一侧挤出。具体实施时，定径段取 1~10mm，各剪切段间的高度 h 为 $L\cot\alpha$，各剪切段的长度 L 取 1~20mm 来保证剪切的强度和方向，从而能更好地调控织构。挤压针包括导向段、剪切段和定型段，导向段与定径段平齐；剪切段与模具的剪切区段也相互平行且其间留有间隙的径向宽度一致，定型段上端与剪切段末端相连，定型段下端与底板固定连接。

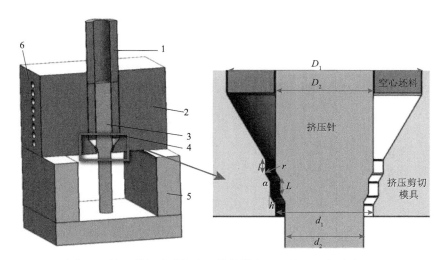

图 3.5 挤压剪切成形镁合金管材模具图及核心局部放大图

1. 挤压杆；2. 挤压筒；3. 挤压针；4. 坯料；5. 支撑底座；6. 加热棒孔；D_1. 坯料外径；D_2. 挤压针外径；l. 成形阶梯长度；r. 转角半径；α. 转角；L. 挤压针成形区长度；d_1. 模具出口直径；d_2. 挤压针外径；h. 成形区高度

由于镁合金管材挤压剪切成形过程中，模具内部是闭合的，观察不到试样的挤压过程；因此需要借助有限元分析软件（即 DEFORM-3D）进行数值模拟，通过模拟可以得出镁合金管材挤压剪切成形的挤压力、等效应力及等效应变等数据；运用这些数据分析挤压过程，进一步指导、调整、优化模具结构，从而获得良好的组织性能。根据查阅文献及经验值选取模具挤压比 16.8、9.33、6.88，过渡角 150°、过渡半径 0.5mm 作为研究对象，分析坯料在不同挤压比下的成形情况，从

而选取合适的挤压比进行 TES 挤压。等效应变模型：Segal 等在不考虑摩擦条件下提出的总应变公式为

$$\varepsilon_{N} = \frac{2N}{\sqrt{3}}\cot\varphi \qquad\qquad (3.5)$$

式中，N 为挤压道次，此时 $\Psi = 0$，$\Phi = 2\varphi$，取值范围为 $0° \sim 180°$；φ 为剪切转角；随后权威专业人士 Iwahashi 等考虑到外角的影响，提出修正公式：

$$\varepsilon_{N} = \frac{N}{\sqrt{3}}\left[2\cot\left(\frac{\phi}{2} + \frac{\Psi}{2}\right) + \Psi\csc\left(\frac{\phi}{2} + \frac{\Psi}{2}\right)\right] \qquad\qquad (3.6)$$

式中，Ψ 为转角内部异角。

普通挤压时等效应变 $\varepsilon_1 = \ln G$。因而镁合金管材挤压剪切成形的等效应变可以表示为

$$\varepsilon_{总} = \varepsilon_1 + 4\varepsilon_4 = \ln G + 4\left[\frac{2\cot\left(\dfrac{\phi}{2} + \dfrac{\Psi}{2}\right) + \psi\csc\left(\dfrac{\phi}{2} + \dfrac{\Psi}{2}\right)}{\sqrt{3}}\right] \qquad\qquad (3.7)$$

根据理论公式可知影响等效应变的参数有挤压比、过渡角及过渡半径，而影响最为显著的是挤压比。式（3.7）为不同挤压比的理论值及模拟值的等效应变情况，将两曲线对比可知数值模拟与理论计算的等效应变值基本吻合，其变化趋势完全一致，因此数值模拟对不同挤压比下的挤压力、等效应力等都有指导参考价值。

3.5　小　　结

通过分析冷挤压、温挤压、热挤压的优缺点及结合镁合金成形特点，最终选出热挤压方案；考虑到挤压工具须承受长时间的高温、高压、高摩擦作用，将导致它出现寿命短、消耗量大、成本高等情况。因此，正确地选择模具结构十分关键，本章设计出挤压筒、挤压杆、挤压针等工具的结构及尺寸；制定合理的工艺规程是挤压生产过程中的关键问题，如坯料尺寸及挤压比的选择问题；通过 UG 三维建模进行数值模拟，对等效应变的理论值和数值模拟值进行对比，发现所绘制曲线其值略有偏差，而变化趋势完全吻合。因此，不同挤压比等效应变的结论可以对挤压载荷及等效应力的模拟作指导和参考。通过对比不同挤压比下的挤压力及等效应力，最终选择出挤压比 $G = 9.33$、过渡角 $\alpha = 150°$、过渡半径 $r = 0.5\text{mm}$ 的模具结构，加工两套模具（即整体模具和组合模具）。

第4章 基于整体模具的挤压剪切成形管材组织演化及数值模拟

通过前面不同挤压比下的 DEFORM-3D 数值模拟分析，得出挤压比 G=9.33、过渡角 α=150°、过渡半径 r=0.5mm 的模具内部结构参数，从而设计出挤压-剪切变形镁合金薄壁管材模具，简称 TES 模具，其构造包括挤压支撑底座、挤压模具、挤压筒、挤压针、挤压杆及辅助件，如图 4.1 所示；实际的管材挤压剪切成形过程中金属必然发生塑性变形，相对于镦粗区、普通挤压区发生的变形比较小，在剪切区合金的塑性变形非常大，最后经整径调整区挤出管材。因此，根据 UG 建立的镁合金管材挤压剪切成形整体模具尺寸和要求加工出实物如图 4.2 所示；挤压杆将力施加在挤压筒内的坯料上，使得坯料在推力作用下向前移动，当坯料遇到挤压模后，这时坯料受到四向压应力，随着挤压杆的继续推进，坯料经四道剪切最终得到 AZ31 镁合金薄壁管材。

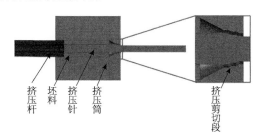

挤压杆   坯料   挤压针   挤压筒   挤压剪切段

图 4.1   镁合金管材挤压剪切成形过程的三维示意图

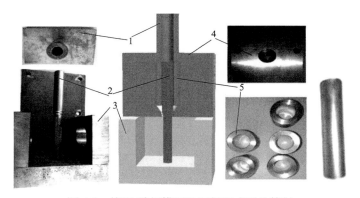

图 4.2   挤压-剪切模具及坯料和成形的管材

1. 冲头；2. 芯棒；3. 支撑架；4. 挤压筒；5. 坯料管材

4.1 有限元数值模拟

镁合金管材挤压剪切成形新工艺是在普通挤压的基础上增加四道剪切，这样模具就变得非常复杂；所以探讨各个工艺参数对镁合金管材挤压剪切成形过程的影响是很有必要的。挤压工艺参数不仅涉及模具的内部结构和挤压速度，还包括挤压温度及摩擦因子等，这些参数不仅对镁合金管材挤压剪切成形影响显著，而且决定产品的合格率；所采用的参数见表 4.1。

表 **4.1** 数值模拟所采用的参数

参数	参数设置
坯料长度/mm	55
坯料外直径/mm	39.6
坯料内直径/mm	20.4
挤压筒直径/mm	40
定径段/mm	3
挤压比	9.33
坯料和模具之间的导热系数[N/（℃·s·mm^2）]	11
坯料单元总数（四节点单元）	32000
坯料单元最小尺寸/mm	1.66
相对渗透深度	0.7
网格密度类型	相对
模拟类型	拉格朗日增量
求解方法	直接迭代共轭梯度法

4.2 挤压力演变

4.2.1 镁合金管材挤压剪切成形过程挤压力变化特点

图 4.3 为在挤压剪切成形过程中 AZ31 镁合金薄壁管材不同区域的挤压力和等效应力变化情况。从图中可知，顶杆的推进管材所受到的载荷随时间变化的趋势呈现一定规律；刚开始 AZ31 镁合金在顶杆的作用和模具的限制下发生镦粗现象，随

后管坯充满整个型腔，这个阶段材料的变形量小，所受的挤压力也小，增加的速度很慢[图 4.3（a）]，近似呈线性关系；同时由于模具的限制变形坯料发生金属流动，坯料的等效应力在不同的部位产生不同的效应，在普通挤压区的前段坯料中间等效应力较小，而边部等效应力很大且最大等效应力值为 105.3MPa。

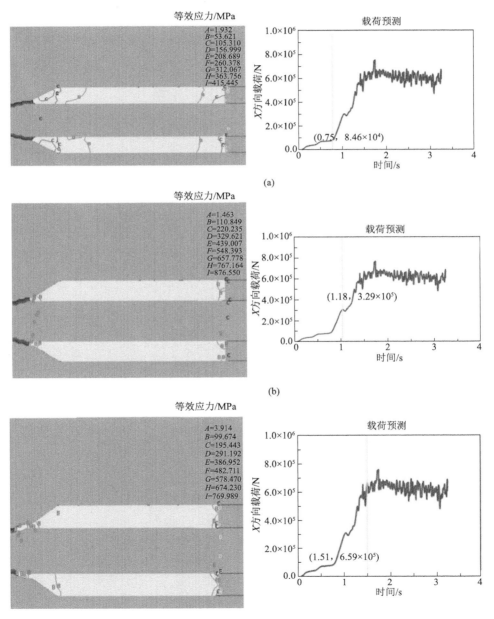

(a)

(b)

(c)

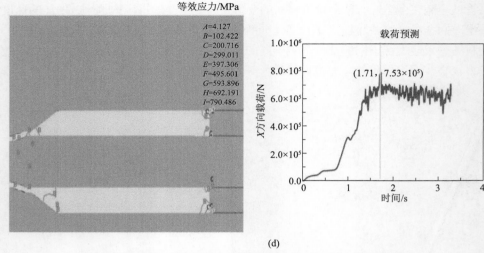

(d)

图 4.3　镁合金管材挤压剪切成形不同区域挤压力及等效应力
（a）镦粗区；（b）普通挤压区；（c）剪切区；（d）定径调整区

随后管坯进入第二阶段即普通挤压阶段，此阶段模具横截面积减小，材料在模具的约束下向前流动受到阻挠，边缘部分向中间靠拢，材料的挤压力急速增大且呈现线性关系，从图 4.3（b）中可以发现此区域等效应力达到 110.8MPa。管坯经过普通挤压后，又进入剪切区，由于剪切区存在四道剪切（即两个平台）的特殊结构，决定了挤压力曲线也会有所变化，如图 4.3（c）所示；从图中可以看出管坯每经过一道转角挤压力在前面的基础上继续增加，这是因为转角处对 AZ31 镁合金的流动起到阻碍作用。随着剪切的结束，等效应力在剪切段得到释放，挤压力也趋于稳定，这时等效应力值为 99.7MPa。当管坯进入定径调整阶段，此时的挤压力相对稳定且在加工硬化及动态结晶软化的范围内上下波动，如图 4.3（d）所示，等效应力也相对均匀稳定。

4.2.2　不同温度下镁合金管材挤压剪切成形载荷变化情况

挤压温度可以通过变形抗力来体现，而挤压力又与变形抗力成正比，理论上来说，温度越高，管材的变形抗力越小。为了单独研究温度对挤压力的影响，在模拟时其他变量设置相同（即挤压速度 10mm/s、摩擦因子 0.4）；而将挤压温度设置为 370℃、400℃、420℃，成形后得到的挤压力如图 4.4 所示。从图中曲线可以看出：总体来说各条挤压力曲线与前面挤压力分析一样，呈现几个明显阶段，即镦粗阶段挤压力增大，普通挤压段挤压力增加明显，之后剪切段压力迅速增加，在调整区小幅度地上下波动。管材挤压剪切成形前期因加工硬化而导致应力值上升，变形抗力增加；而后模具内部结构的阻碍使得挤压力达到最大峰值。从图 4.4

中很容易看出温度越高，挤压力峰值越小，当温度达到 370℃时，这时的挤压力最大为 $8×10^5$N；挤压温度 400℃时，挤压力最大为 $7.8×10^5$N，而当挤压温度为 420℃时，挤压力最小，最大为 $6.9×10^5$N。在整个镁合金管材挤压剪切成形过程中，温度的持续上升，使得镁合金潜在的滑移系被激活，塑性被改善。同时由于坯料在镁合金管材挤压剪切成形模具中受到挤压-剪切双重作用发生动态再结晶，之后在加工硬化和动态再结晶软化的作用下挤压力呈现波动状态。

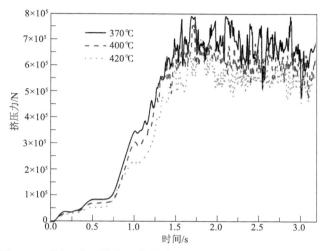

图 4.4　不同温度下镁合金管材挤压剪切成形过程的挤压力演变

4.2.3　不同速度下镁合金管材挤压剪切成形过程载荷变化情况

为研究挤压速度对镁合金管材挤压剪切成形过程中挤压力的影响，分别选取速度为 3mm/s、5mm/s、10mm/s 和 15mm/s，其他参数设置不变；设置完毕后进行 DEFORM-3D 软件模拟，得到坯料载荷（挤压力）-时间变化曲线。根据图 4.5 模拟情况可知，在挤压速度为 10mm/s 和 15mm/s 时，挤压力急促增大，且单位时间内上升很快可以说是直线上升，而挤压速度为 3mm/s、5mm/s 时挤压力曲线变化趋势基本一致，不过相比较前两个变化不是太明显。出现这种情况的原因是挤压速度增大，AZ31 镁合金薄壁管材加工硬化变严重，所产生的变形抗力增加。当挤压速度为 3mm/s 时，AZ31 镁合金管材所受的最大挤压力为 $4×10^5$N；当挤压速度为 5mm/s 时，AZ31 镁合金管材所受的最大挤压力为 $5×10^5$N；而挤压速度为 10mm/s 时，挤压力最大为 $7×10^5$N；挤压速度为 15mm/s 时，挤压力最大达 $9×10^5$N。由此说明挤压速度对载荷影响很大。而在实际的加工过程中，速度过大是不可行的，速度过小金属在挤压过程中容易冷却，导致变形抗力持续增加，因此坯料质量达不到预期效果。

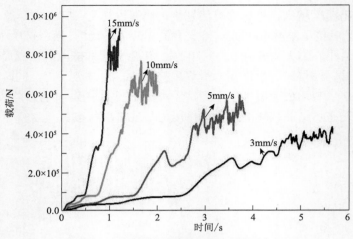

图 4.5　不同挤压速度下 TES 挤压力

4.2.4　摩擦因子对成形结果的影响

在热塑性挤压成形过程中，AZ31 镁合金管坯与挤压筒、芯轴和模具之间都有较大的摩擦；根据挤压条件的不同，摩擦状态也不相同，其中加工管材所需的挤压力更不同；因此，结合实际加工经验研究摩擦因子对挤压成形结果（如挤压力）的影响，本书选用的摩擦因子为 0.1、0.25、0.4，其他的因素都设置为相同参数。当坯料在不同摩擦因子的条件下被挤出时，其挤压力的变化如图 4.6 所示，由图可知：虽然摩擦因子不同，但是在挤压初期挤压力是逐渐上升且变化不明显的，而在挤压时间为 2.375s 左右时，挤压力则可达到最大值，这时的三条载荷-时间曲线中摩擦因子 0.4 所需的挤压力最大为 7.5×105N。通过模拟分析可知，挤压温度、

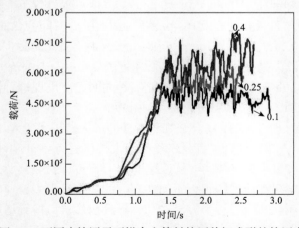

图 4.6　不同摩擦因子下镁合金管材挤压剪切成形的挤压力

挤压速度、摩擦因子都对挤压力产生影响，相对而言挤压速度影响最为显著，由图 4.5 可知，挤压速度越大，挤压力上升越急剧，且在镁合金管材挤压剪切成形过程中坯料越容易失稳不利于管材挤出，从而得不到预期的效果，因此最终的实验方案选择挤压速度为 10mm/s。

4.3　不同温度对等效应力的影响

图 4.7 为在挤压速度 10mm/s 下，温度为 370℃、400℃、420℃时的等效应力分布情况，从图中可以看出，当变形温度不同时，剪切段所对应的最大等效应力也不相同，其值为 101MPa、83MPa 和 78MPa，而最小等效应力变化不大。随着温度的升高，等效应力减小，其与最小等效应力差也相应减小，分布则更加均匀，进而导致总的变形力减小。在热塑性成形过程中，温度过低坯料变形抗力大，影响模具寿命，温度过高坯料表面氧化加剧工件成形后表面质量差，所以挤压温度的选择也至关重要。

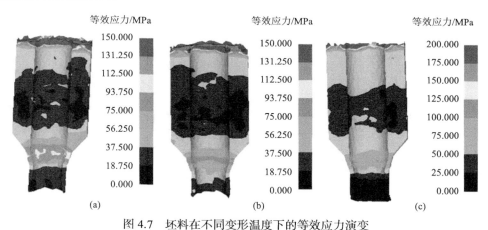

图 4.7　坯料在不同变形温度下的等效应力演变
（a）370℃；（b）400℃；（c）420℃

4.4　镁合金管材挤压剪切成形过程速度场变化

4.4.1　镁合金管材挤压剪切成形过程不同区域管坯的流动速度

在镁合金管材挤压剪切成形过程中，AZ31 镁合金薄壁管材在顶杆的压力及凹模的约束下发生热塑性变形，同时模具内部结构又包括镦粗、普通挤压、剪切挤压、定径调整挤压等几个阶段，因此管坯在凹模内部的流动速度呈现明显的不同；为了客观全面地了解管坯流动情况，本章采用 DEFORM-3D 有限元软件模拟速度场。在镁合金管材挤压剪切成形过程中，由于镦粗阶段变形量很小，金属在模具内流动速度与顶杆推出速度大致相同；当 AZ31 镁合金管材进入普通挤压区时，由于镁合金管材挤压剪切成形模具的特殊性，管坯首先被压缩然后定径横截面积迅速减小；根据塑性变形体积不变原则，随着 AZ31 镁合金管坯横截面积的减小，单位时间内通过横截面的金属量增加，镁合金的流动速度增加。从图 4.8 金属流速曲线图可知，管坯在镦粗和普通挤压区金属流速不断增加最高可达 16.8mm/s；从图 4.8 金属流速分布图可知，速度等值线明显凹向挤压的反方向，这是由于管坯、模具、芯轴之间的摩擦阻碍金属流动。图 4.9 为镁合金管材挤压剪切成形中 AZ31 镁合金管材流动速度情况，从图中曲线可以看出管坯流动出现明显的流速梯度；当坯料进入第一道转角前金属流动速度逐渐减小，其原因一方面在于坯料、挤压筒、芯轴之间的摩擦，另一方面在于第一道转角阻碍金属的流动，从而给坯料施加一个背压使得金属的流速减慢。相反在第一道转角后到第二道转角前金属

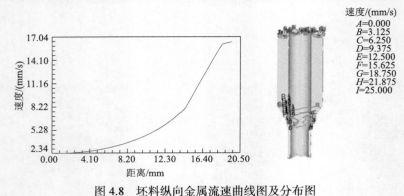

图 4.8　坯料纵向金属流速曲线图及分布图

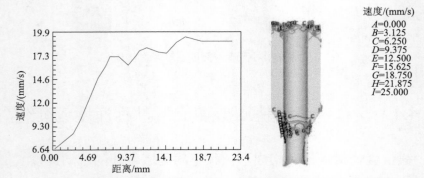

图 4.9　镁合金管材挤压剪切成形中管坯纵向金属流动速度及分布①

---

① 文中此类图横纵坐标数据间距不一致是因为保留了原始数据。

流动呈现递增趋势，原因可能是坯料经过第一道转角后没有了背压，因此金属流动速度有所增加。随着挤压杆的继续推移，坯料重复前面的动作直到进入第四道转角处，流速出现最大峰值 19.3mm/s；之后在定径调整阶段由于摩擦力的存在，金属流动速度有所下降为 18.6mm/s，之后一直保持稳定，从而完成整个挤压-剪切过程。

图 4.10 为坯料在挤出时横截面的金属流动情况，从图中可以看出此时坯料横截面的流速波动范围很小且基本保持稳定。无论在边部还是内部，金属流速变化不明显，其值为 18.6mm/s 左右。

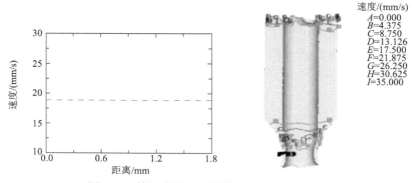

速度/(mm/s)
$A=0.000$
$B=4.375$
$C=8.750$
$D=13.126$
$E=17.500$
$F=21.875$
$G=26.250$
$H=30.625$
$I=35.000$

图 4.10　管坯成形后金属横向流动速度及分布

4.4.2　不同摩擦因子对管坯流动速度的影响

图 4.11 为镁合金管材挤压剪切成形过程中不同摩擦因子对 AZ31 镁合金管坯流动的影响情况,从图中可以看出当摩擦因子为 0.1 时坯料的流动速度为 28mm/s,

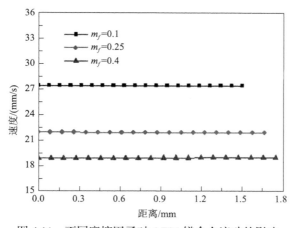

图 4.11　不同摩擦因子对 AZ31 镁合金流动的影响

摩擦因子为 0.25 时坯料的流动速度为 23mm/s 左右，摩擦因子为 0.4 时坯料的流动速度为 18.6 mm/s。由此可知随着摩擦因子的增大，AZ31 镁合金薄壁管材的流动速度降低，但对管坯横向上流动速度影响不大。

4.4.3　不同挤压温度对管坯流动速度的影响

图 4.12 为镁合金管材挤压剪切成形过程中管坯在不同挤压温度下金属流动情况，由图可知当挤压温度为 420℃时，横向上管坯流动速度为 24.6mm/s；挤压温度为 400℃时，横向上管坯流动速度为 18.6mm/s；挤压温度为 370℃时，横向上管坯流动速度为 13mm/s。因此可以得出随着挤压温度的升高，金属流动速度加快，产生这种现象的原因可能是随着温度的升高管坯发生软化，变形抗力减弱有利于镁合金流动。而在整个挤压横向上金属的流动大致保持稳定，原因在于挤压后的管壁厚度薄（2mm），模具作用在坯料上的力较均匀，坯料不容易破裂，因此横截面的流速变化不大。

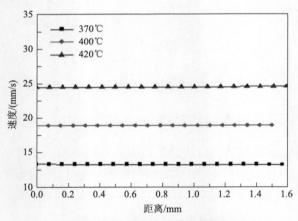

图 4.12　不同挤压温度对管坯流动的影响

4.5　镁合金管材挤压剪切成形过程中的等效应变

在热塑性加工变形过程中材料是否会发生动态再结晶，不仅与管坯的挤压温度有关，而且受变形程度的控制，一般来说当变形量的临界值小于应变值时，动态再结晶就可以发生，这是因为增加变形量可以促进位错密度的增加，导致动态再结晶加快。因此在镁合金管材挤压剪切成形过程中，用等效应变大小衡量变形程度；图 4.13 为镁合金管材挤压剪切成形过程的等效应变演变过程，从图中可以看出挤压后在剪切区等效应变最大其值为 3.37，且每增加一段，剪切等效应变增加约 0.5。

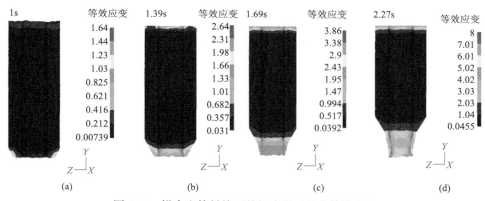

图 4.13　镁合金管材挤压剪切成形过程的等效应变

（a）1s；（b）1.39s；（c）1.69s；（d）2.27s

　　用点追踪对镁合金管材挤压剪切成形过程整体模具进行等效应变分析如图 4.14 所示，就整个变形过程来讲，最小值为 0.051，最大值为 7.397。值得一提的是，P_4、P_5、P_6 点之所以比坯料镦粗及直接挤压阶段的等效应变大，是因为镦粗挤压阶段后，还要再发生四道剪切最后经整型挤出管材，故在这三点的位置变形量大，金属在这些位置流向会发生改变，这与真实的热塑性挤压加工过程完全吻合，也印证了该数值模拟的正确性。

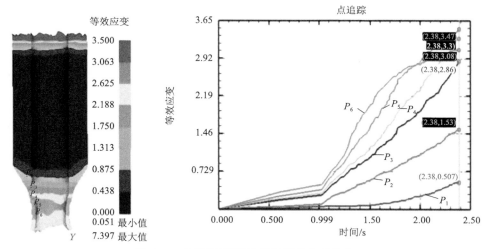

图 4.14　整体模具挤压-剪切等效应变分布

4.6　破　坏　分　析

从理论上来说，在镁合金管材挤压剪切成形过程中管坯要发生形变，随着形变程度的增加损伤值增大，则材料更容易开裂、成形制件的质量就很差，从而影响合格率。图 4.15 为镁合金管材挤压剪切成形的破坏系数分布情况，由图可知破坏系数整体是均匀增大的，P_6、P_5、P_4、P_3、P_2、P_1 点依次减小，因为 P_5、P_6 点随着挤压过程的进行，管坯的应变越来越大，不均匀变形也越严重，与此同时，残余应力也相应增加，所以该两处变形量最大，破坏系数最大；从某种程度上讲，破坏系数与等效应变参数有一定的拟合性。

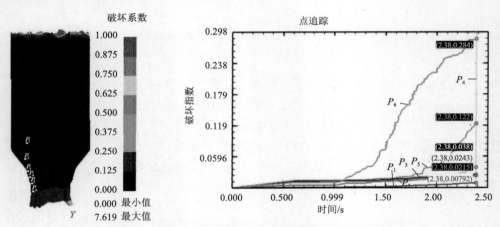

图 4.15　镁合金管材挤压剪切成形的破坏系数分布

4.7　普通挤压与挤压剪切成形实验及数值模拟

目前传统挤压管材工艺相当成熟，但是晶粒细化有限，为了提高晶粒细化效果，可以采用大的挤压比；而镁合金管材挤压剪切成形整合了普通挤压和等径角挤压两种工艺。一般来说在变形区受压应力，可以遏制晶粒间相对移动防止晶粒变形，提高塑性；相反受拉应力则促使晶粒变形，加速晶界破坏，因此三向压应力有利于消除缺陷，促使恢复破坏的晶内及晶间的联系，使得金属致密性增强，各种显微裂纹得到修复；同时塑性成形中坯料在变形区内受拉应力的影响小、受压应力的影响大，塑性就可大大提高。本节将对普通挤压及镁合金管材挤压剪切成形进行数值模拟，图 4.16（a）为镁合金管材挤压剪切成形模具，图 4.16（b）

为普通挤压模具，有限元模拟的主要参数为挤压温度 370℃，挤压速度 10mm/s，摩擦因子 0.4，其余见表 4.1。

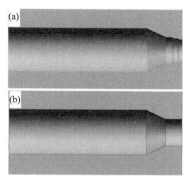

图 4.16　（a）镁合金管材挤压剪切成形模具；（b）普通挤压模具

4.7.1　TES 挤压与普通挤压的挤压力比较

图 4.17 为普通挤压（PT）与挤压剪切（TES）成形的挤压力-时间曲线，从图中可以看出两者有两个阶段是重合的（即镦粗阶段、普通挤压阶段），镁合金管材挤压剪切成形的最大挤压力为 $8.0×10^5$N，而普通挤压的最大挤压力为 $5.93×10^5$N，TES 挤压是普通挤压的 1.35 倍。

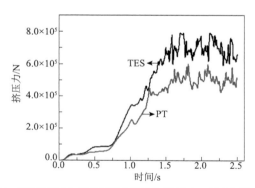

图 4.17　普通挤压与挤压剪切成形的挤压力-时间曲线示意图

4.7.2　镁合金管材挤压剪切成形与普通挤压管坯应力状态的比较

坯料应力状态对微观组织细化作用明显，为研究镁合金管材挤压剪切成形过程中 AZ31 镁合金薄壁管材所受的应力状态对微观组织的影响，在管坯上选取四个典型点。图 4.18（a）为普通挤压的四点应力-时间曲线，图 4.18（b）为镁合金管材挤压剪切成形的四点应力-时间曲线，由图可知，与普通挤压相比，挤压剪切过程中产生很多峰值，而且所受的最大应力为 149MPa，而普通挤压的最大应力只有 127MPa。产生这种现象的原因是挤压剪切管坯会受到转角的剪切力和转角处的反向阻力，其局部位置受到四向压缩力，压缩力的数量比普通挤压要多，更能遏制晶粒间相对移动，防止晶粒变形，提高管坯塑性。

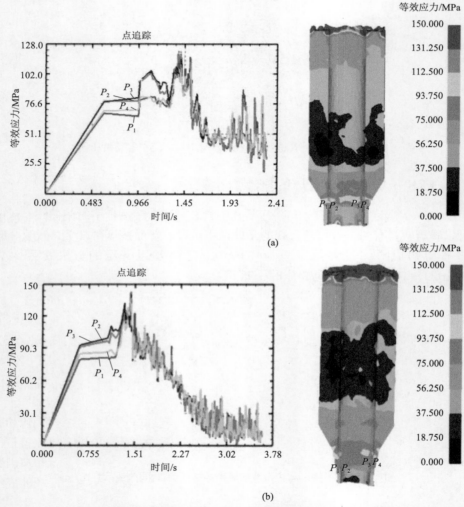

图 4.18 选取的四点在挤压剪切成形和普通挤压中的应力变化
（a）普通挤压；（b）挤压剪切成形

4.7.3 挤压剪切与普通挤压管材的微观组织

图 4.19 为 370℃ 时 TES 挤压和普通挤压 AZ31 镁合金薄壁管材的横截面等

效应变分布情况，从图中可以看出挤压剪切成形管材等效应变呈现递减趋势，边部的等效应变最大为 3.30 左右，而在中部等效应变为 3.26，两者相差 0.04，说明横向上应变相对比较均匀。而普通挤压的等效应变变化趋势完全吻合，但等效应变的数值有所下降，最大值为 1.94，最小值为 1.83，两者相差 0.11；出现这种情况是因为在挤压剪切过程中金属前端受到模具约束，产生四向压应力阻碍金属向前流动，增加了变形量，所以等效应变相对普通挤压要大一些。图 4.20 为 370℃时 TES 挤压和普通挤压 AZ31 镁合金薄壁管材的纵截面等效应变分布情况，从图中可以看出挤压剪切管材先后经历镦粗、普通挤压、四道剪切及定径调整阶段，由于四道剪切积累了更多等效应变，因此在挤压剪切成形模具出口处管材的等效应变达 3.51 左右；而普通挤压没有四道剪切的作用等效应变只有 1.96 左右；可以预见挤压剪切成形可以获得更加细小均匀的晶粒组织。

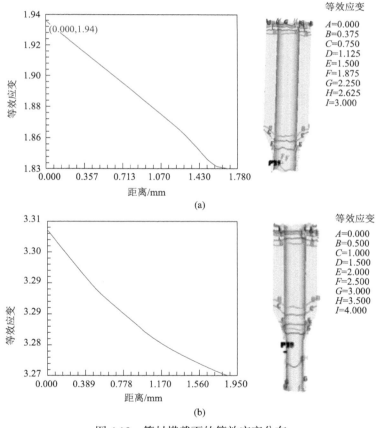

图 4.19　管材横截面的等效应变分布

（a）普通挤压；（b）挤压剪切成形

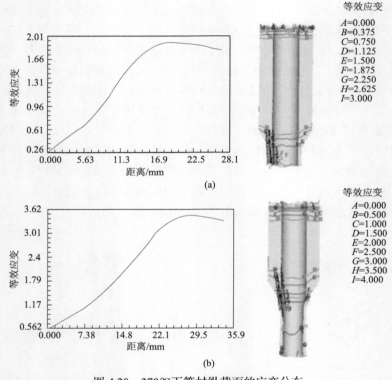

(a)

(b)

图 4.20　370℃下管材纵截面的应变分布
（a）普通挤压；（b）挤压剪切成形

　　图 4.21 为普通挤压和挤压剪切成形管材的微观组织，从图 4.21（a）、图 4.21（c）中可以看出挤压剪切成形管材纵截面的晶粒明显比普通挤压纵截面的晶粒细小，产生这种现象的原因在于挤压剪切成形是在普通挤压的基础上增加了四道转角使得等效应变积累（前面的模拟也验证了这点），变形量增加使得晶粒细化。

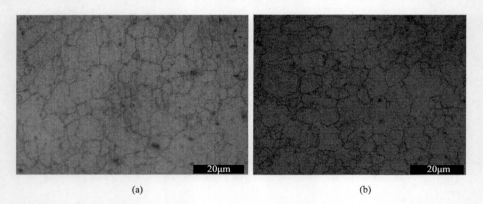

(a)　　　　　　　　　　　　　　　　(b)

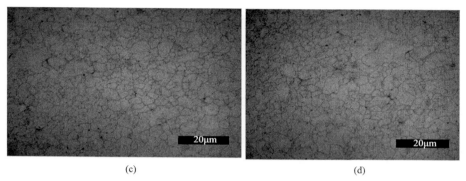

(c)　　　　　　　　　　　　　　　　(d)

图 4.21　（a）普通挤压纵截面；（b）普通挤压横截面；（c）挤压剪切管材纵截面；（d）挤压剪切管材横截面

而图 4.21（b）为普通挤压横截面的金相图，图 4.21（d）为挤压剪切成形管材横截面的金相图，从图可知在挤压边部，它们的动态再结晶晶粒分布均匀、细小，而在挤压中部有混合晶粒组织出现，这些组织由粗大的原始晶粒和细小的动态再结晶晶粒组成；无论是普通挤压还是挤压剪切成形管材边部组织与中部组织的差异是挤压管坯所共有的特性。

4.7.4　挤压剪切成形与普通挤压管材的硬度测试

图 4.22 为挤压剪切和普通挤压的纵横截面显微硬度示意图，从图中可以看出，普通挤压的纵截面 1 和横截面 3 的显微硬度（HV）值分别为 65、62，而挤压剪切管材的纵截面 2 和横截面 4 的硬度值分别为 75、72，通过比较发现，挤压剪切管材的纵横面硬度值都比普通挤压的硬度值大，产生这种现象的原因是挤压剪切积累的等效应变，使获得的动态再结晶晶粒细小（前面的金相图也验证了这点），产生更多的晶界，硬化作用增强，因此管材的硬度值升高。

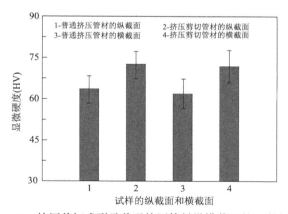

图 4.22　挤压剪切成形及普通挤压管材纵横截面的显微硬度

4.7.5　TES 挤压与普通挤压的 EBSD 分析

利用 EBSD 技术分析 AZ31 镁合金薄壁管材在普通挤压和挤压剪切过程中的微观组织及晶粒取向，图 4.23（a）和（c）是菊池花样衬度（band contrast，BC）图，图中粗黑线可以看成是取向差角大于 15°的大角度晶界，细黑线可以看成是取向差角介于 2° 到 15°之间的小角度晶界。

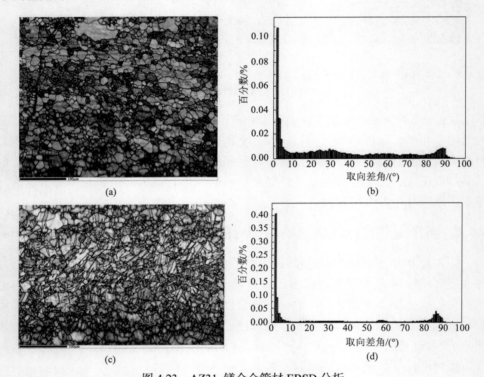

图 4.23　AZ31 镁合金管材 EBSD 分析
（a）普通挤压微观组织图；（b）普通挤压晶粒取向差分布图；（c）挤压剪切管材微观组织图；
（d）挤压剪切管材晶粒取向分布图

随着挤压的进行，AZ31 镁合金管厚减小，小角度晶界比例逐渐增多，小角度取向差分布密度增大。这说明在挤压过程中发生了大量的位错滑移行为，从而产生了大量的小角度晶界（位错界面）。此外，还可以看出经过挤压剪切的管材晶粒取向差角在 56°和 86°附近出现了两个峰。镁合金中压缩孪晶$\{10\bar{1}1\}$和拉伸孪晶$\{10\bar{1}2\}$与基体的取向差关系分别为 56°/$\langle10\bar{1}0\rangle$和 86.3°/$\langle11\bar{2}0\rangle$，由此可知，AZ31 镁合金管材在挤压过程中产生了大量的$\{10\bar{1}1\}$和$\{10\bar{1}2\}$孪晶。

图 4.24（a）为普通挤压变形的极图，图 4.24 （b）为挤压剪切变形的极图，对比两图可知，变形后晶粒 c 轴的周向择优分布，转变为 c 轴平行于 X_0 方向的织

构。这种转变产生的原因可能是大量 $\{1\bar{1}2\}$ 孪晶的产生，使得晶粒的取向发生了较大角度的偏转（86°），说明挤压加工可显著改变镁合金的初始织构，从而影响其性能表现。

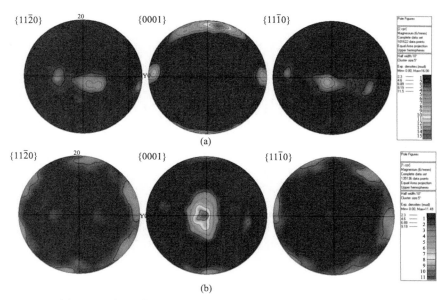

图 4.24 （a）普通挤压变形的极图；（b）挤压剪切变形的极图

滑移随着切应力的作用而发生，判断某个滑移系是否发生滑移取决于滑移面内沿滑移方向上的分切应力的大小，只有当分切应力达到一定值时滑移才可以发生，这个值称为临界分切应力，其公式如下：

$$\sigma_s = \frac{\tau_K}{\cos\phi\cos\lambda} \tag{4.1}$$

式中，$\cos\phi\cos\lambda$ 为 Schmid 因子；σ_s 为屈服极限，τ_K 为分切压力。

由式（4.1）可知，屈服极限 σ_s 与 $\cos\phi\cos\lambda$ 成反比，当挤压力与滑移面和滑移方向的夹角为 45°时，Schmid 因子 $\cos\phi\cos\lambda$ 具有最大值 0.5，金属滑移很容易发生。由图 4.25（a）、（b）对比可知，经挤压剪切变形后 Schmid 因子明显增大，意味着滑移开动且材料的塑性得到提高。

图 4.26（a）为普通挤压下管材晶粒尺寸统计图，由源数据可以看出平均晶粒直径为 6.228μm；图 4.26（b）为挤压剪切管材晶粒尺寸统计图，平均晶粒直径为 4.920μm。说明该挤压工艺可明显细化晶粒，其中的原因可能是孪晶的产生使得初始的晶粒被大量切割。

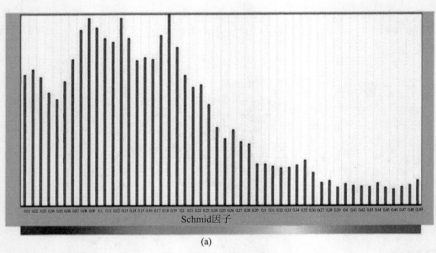

(a)

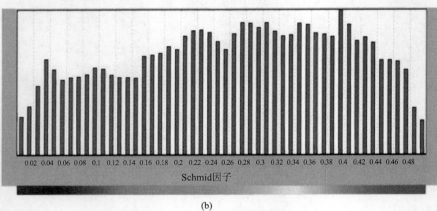

(b)

图 4.25   （a）普通挤压管材 Schmid 统计图；（b）挤压剪切管材 Schmid 统计图

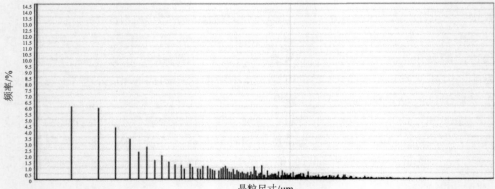

(a)

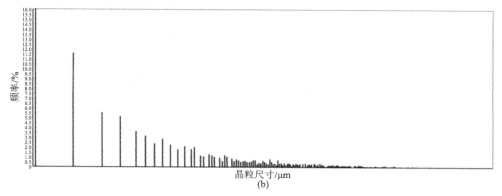

图 4.26　（a）普通挤压管材晶粒尺寸统计图；（b）挤压剪切管材晶粒尺寸统计图

图 4.27 为管材的再结晶分布及统计图，其中图 4.27（a）为普通挤压，图 4.27（b）为挤压剪切管材，它们反映材料经过普通挤压及挤压剪切的不同状态组织（变

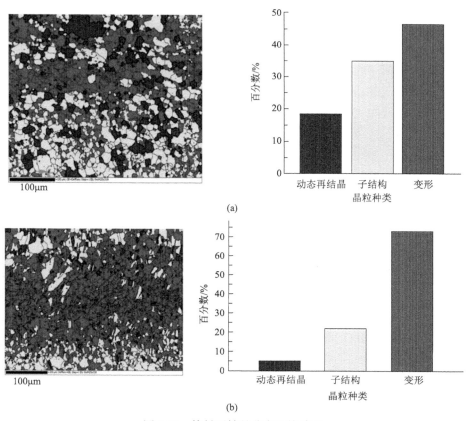

图 4.27　管材再结晶分布及统计图

（a）普通挤压管材；（b）挤压剪切管材

形态组织、子结构态组织和再结晶态组织）所占比例情况。从图上可以看出，经过挤压剪切后材料再结晶态组织的比例明显降低，而变形态组织的比例显著增加，这些变形组织是由位错滑移和孪生行为（ $\{10\bar{1}1\}$ 和 $\{10\bar{1}2\}$ ）产生的。

4.8　小　　结

本章主要用 DEFORM-3D 有限元软件来模拟挤压剪切过程，其中既对 AZ31 镁合金管材进行挤压力、等效应力、速度场、等效应变及破坏系数的模拟分析；又对普通挤压与挤压剪切过程中的挤压情况及物理实验进行探讨。

（1）挤压剪切的模具结构增加四道转角，使得挤压力呈现一定的变化，出现多次平台；升高挤压温度挤压力减小，增大挤压速度挤压力明显增大，降低摩擦因子挤压力减小；随着温度的升高等效应力减小，与其他地方的等效应力之差也相应减小，因此，高温状态下等效应力分布均匀且总变形力减小。

（2）由于挤压剪切的模具具有特殊的内部结构，因此 AZ31 镁合金薄壁管材的流动速度呈现一定的变化，镦粗区变形量小流动速度慢，约等于顶杆的挤出速度，之后每经过一个转角，管坯的流动速度增加，但由于每道转角对前一道转角的管坯施加类似于背压的力，使金属在转角前流动速度降低；随着挤压温度的上升，AZ31 镁合金的流出速度增加，但对其均匀性影响不大；降低摩擦因子同样可以使金属流动增加，对均匀性影响不明显。

（3）通过模拟挤压剪切各阶段演变过程，可知挤压后等效应变值最高可达 3.37，且每增加一段剪切有效应变增加约 0.5；同时通过点追踪观察到在最后转角处等效应变大、坯料变形量也大，此时不均匀变形也越严重，残余应力增加，故在最后两道转角处破坏系数最为严重。

（4）通过模拟普通挤压与挤压剪切，发现挤压剪切的挤压力明显增大且是普通挤压的 1.35 倍，而对等效应力来说，挤压剪切所受的最大应力值（149MPa）比普通挤压（127MPa）要大。出现这种情况是因为在挤压剪切的转角处，AZ31 镁合金管材受到剪切力及反向阻力的作用，使得坯料受到四向压缩力，显著地提高了镁合金的塑性。

（5）通过普通挤压和挤压剪切的纵横截面的等效应变比较，发现横向分布规律基本一致；而纵截面挤压剪切管材等效应变达 3.51 左右，普通挤压管材的等效应变为 1.96 左右，由此可以预见，挤压剪切所获得的组织更加均匀、细小，通过金相实验及硬度测试也验证了这一点。

（6）采用 EBSD 分析普通挤压和挤压剪切的微观组织及晶粒取向可知，经过挤压剪切的管材产生大量的压缩孪晶 $\{10\bar{1}1\}$ 和拉伸孪晶 $\{10\bar{1}2\}$ ；显著改变镁合金的初始织构，使得 Schmid 因子明显增大，细化晶粒明显。

第5章 基于组合模具的挤压剪切成形管材 组织演化及数值模拟

5.1 CA 微观模型

人们普遍认为位错密度可以提供结晶驱动力，当热挤压变形过程中合金积累的位错密度达到一定值（即位错密度的临界值）时，动态再结晶就可以发生；而热加工参数的选择与晶粒形核和长大息息相关，为方便计算结晶模型可设想为：当新相晶粒达到一定位错密度时晶粒生长停止；此时动态再结晶晶粒优先在母相晶界处形核。位错密度演变：金属热加工变形是由加工硬化和回复软化两个过程组成；式（5.1）表示为位错密度；式（5.2）表示为加工硬化效应；式（5.3）表示为金属塑性变形过程中发生回复及再结晶的金属软化。为反映软化过程的随机性，式（5.4）表示为所采用改进的 Laasroui-Jonas 位错密度模型。

$$\mathrm{d}\rho_i = (h - \gamma\rho_i)\mathrm{d}\varepsilon \tag{5.1}$$

$$h = h_0 \left(\frac{\dot{\varepsilon}}{\dot{\varepsilon}_0}\right)^{-m} \exp\left(\frac{mQ}{RT}\right) \tag{5.2}$$

$$r = r_0 \left(\frac{\dot{\varepsilon}}{\dot{\varepsilon}_0}\right)^{-m} \exp\left(\frac{-mQ}{RT}\right) \tag{5.3}$$

$$N_r = \left(\frac{(\#\mathrm{rows})(\#\mathrm{columns})\sqrt{2}}{K}\right)^2 h(\mathrm{d}\varepsilon)^{1-2m} \tag{5.4}$$

式中，(#rows)(#columns) 为由 R 行×C 列构成的元胞总数；m 为应变速率敏感常数；ρ_i 为元胞 i 的位错密度；h_0 为应变硬化常数；r_0 为回复常数；ε 为应变；$\dot{\varepsilon}$ 为应变速率；$\dot{\varepsilon}_0$ 为应变速率校准常数；K 为常数；Q 为自扩散激活能；R 为摩尔气体常量；

T 为热塑性变形温度；h 为硬化系数；γ 为动态回复软化系数；N_r 为晶粒数量。

1）形核及长大模型

动态再结晶晶粒的形成由形核和晶粒长大的两个基本过程组成。

（1）形核模型：Xiao 等根据实验及理论分析，提出动态再结晶速率不仅与温度、应变速率有关，还与应变量有关，如式（5.5）所示。

$$\dot{n}(\varepsilon, Z, \dot{\varepsilon}) = C\dot{\varepsilon}Z^m(\varepsilon - \varepsilon_c)^p \tag{5.5}$$

式中，$\dot{n}$ 为形核率；C、m、p 均为常数；Z 为 Zenner-Hollomon 参数；ε_c 为临界应变。

（2）长大模型：在热成形过程中随着位错密度和应变量的增加，当它们达到一定值（即临界值）时就可以发生动态再结晶，新晶粒也开始长大；Ding 等用式（5.6）表达新晶粒生长速度（v_i）。

$$v_i = MF_i / (4\pi r_i^2) \tag{5.6}$$

式中，M 为边界迁移；F_i 为第 i 个新晶粒驱动力；r_i 为晶粒半径。

$$M = \frac{\delta D_b b}{KT}\exp\left(\frac{-Q_b}{RT}\right) \tag{5.7}$$

$$F_i = 4\pi r_i^2 \tau(\rho_m - \rho_i) - 8\pi r_i \gamma_i \tag{5.8}$$

式中，δ 为晶粒边界厚度；b 为柏氏矢量；D_b 为边界自扩散有效系数；K 为玻尔兹曼常数；ρ_m 为母相的位错密度；ρ_i 为第 i 个新晶粒的位错密度；γ_i 为晶界能；τ 为位错线能量。

2）CA 模型

元胞空间有三种划分方式，如图 5.1 所示，三种方法各有优缺点。三角形方格数目少，计算速度快，但不易于显示表达模拟结果；正方形方格很容易显示表达，但是对反应各向同性的模拟现象不敏感；六方形方格可较好地反映各向同性现象，但与三角形方格一样也不易于显示表达。

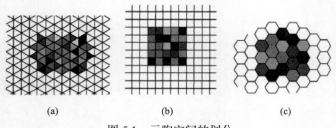

（a）　　　　　　　（b）　　　　　　　（c）

图 5.1　元胞空间的划分

（a）三角形元胞；（b）四边形元胞；（c）六边形元胞

邻域定义：在元胞格中，应定义变换规则的邻域类型，并根据变换规则确定每个时刻邻域内元胞的状态；图 5.1 中 Moore 型邻居在考虑最近邻元胞的同时，还考虑次近邻顶角的四个元胞；黑色区域为中心元胞，灰色区域为邻居元胞；采用 Moore 的邻居定义时给出三点假设：①改变状态须克服能量壁垒；②若四个相邻元胞状态相同，中间元胞状态保持不变；③晶界分布均匀。

5.2　基于组合模具的管材挤压剪切实验及数值模拟

本章通过 UG 三维建模绘制如图 5.2 所示的三维示意图，同时按照组合模具图纸（挤压比 G=9.33、过渡角 α=150°、过渡半径 r=0.5mm）加工出组合模具如图 5.3 所示。

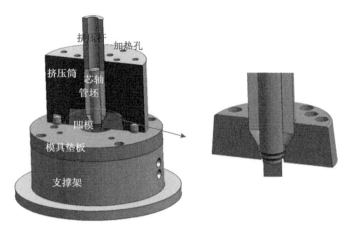

图 5.2　管材挤压-剪切组合模具的三维示意图

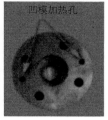

图 5.3　管材挤压-剪切组合模具及凹模

5.2.1 管材挤压剪切实验

图 5.4 为管材挤压剪切组合模具剖面图及镁合金取样部位图，1 为镦粗减径区，2 为普通挤压区，3 为一、二道次剪切区，4 为三、四道次剪切区，5 为稳定挤压区。进行挤压实验前，将坯料镁锭车削加工至外直径为 38.6mm，内直径为 20.2mm；然后对坯料及模具进行加热，坯料加热 3h 温度达 370℃，而模具在加热棒的加热下温度到 350℃后进行预热，挤压工艺参数见表 5.1。

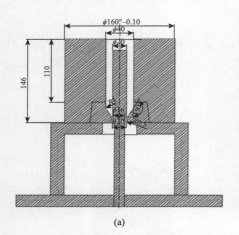
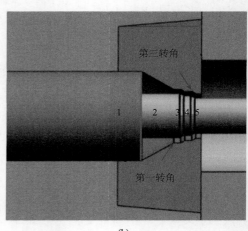

(a)　　　　　　　　　　　　　　　　(b)

图 5.4　组合模具示意图（单位：mm）
（a）剖面图；（b）取样部位

表 5.1　挤压工艺参数

管坯温度	挤压筒温度	模具温度	挤压速度
370℃	350℃	350℃	10mm/s

前面已经对整体模具在一定条件下的挤压成形力进行了有限元模拟，模拟载荷大约为 $8×10^5$N，所用的多缸伺服同步挤压机 LYS-450D 主缸公称力为 2500kN，完全符合条件，一切工序准备妥善后开始挤压。图 5.5 为组合模 TES 挤压实验示意图，从图中可以看出管坯挤压是成功的，但是管材挤出长度太短，产生这种情况的原因可能来自两个方面，一是组合模具在加工的过程中，凹模加热孔过小，加热棒伸不进去，导致温度达不到预期值；二是组合模具在挤压筒与凹模连接处用螺栓连接阻碍了金属流动并产生了大量的坯料飞边，阻碍镁合金管材的挤出。

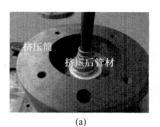

(a) (b)

图 5.5　挤压实验示意图

（a）挤压剖面图；（b）取出的管材

5.2.2　组合模具数值模拟及分析

对组合模具进行 DEFORM-3D 有限元软件模拟可以采用以下假设：挤压筒、模具及芯轴均为刚性体；挤压坯料定义为塑性材料；挤压坯料与挤压筒、凹模和芯轴之间的摩擦系数遵循广义库仑定律。表 5.2 为材料 AZ31 的物理属性，环境温度定义为室温 20℃，模具与空气之间的热交换系数为 0.02 N/（℃·s·mm^2），H13钢的辐射系数定义为 0.7。

表 5.2　AZ31 镁合金的物理属性

属性	数值
泊松比	0.35
线膨胀系数/℃$^{-1}$	26.8×10^{-6}
密度/（kg/m^3）	1780
杨氏模量/MPa	45000
辐射系数	0.12

1. 成形载荷分析

在固定挤压机的挤压杆作用下镁合金管材发生热塑性变形，变形的过程中镁合金需要流动，在组合模具的凹模与挤压筒的连接处，由于装配的缘故，进一步阻碍了金属的流动从而影响挤压力，图 5.6（a）所示为组合模具的挤压力示意图，图 5.6（b）为整体模具的挤压力示意图；从图 5.6（a）可以看出镁合金管材的挤压力最大为 1.10×10^6 N 左右，而图 5.6（b）整体模具的挤压力最大为 8.0×10^5 N，显然组合模具所需的挤压力明显大于整体模具的挤压力，可见当前主缸公称力为2500kN 的多缸伺服同步挤压机是可以满足 370℃时的挤压剪切要求的，不能顺利挤出的原因是模具加热孔达不到预定设置的温度、模具外部出口和挤压杆及模具内腔光洁度不够等。

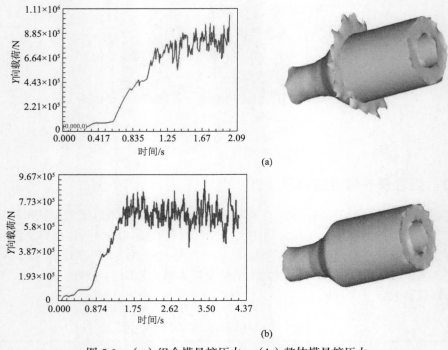

图5.6　（a）组合模具挤压力；（b）整体模具挤压力

2. 金属流线分析

组合模具金属流线如图 5.7 所示，从图中可以看出在镦粗阶段，金属受到四向挤压力，金属流线在挤压力的作用下径向流动且发生塑性变形；随着挤压杆继续向下运行而进入普通挤压区，材料的形变束缚在有限的区域内，周边的材料变形不明显。主要变形区域发生在剪切区，此区域各层网格之间变形前后平行关系改变严重，金属流动迅速，变形剧烈且材料向凸模下部流线趋势非常明显。当材料到达模具口时，由于模具口空间窄小，材料一部分沿径向向外流动，另一部分在挤压筒与凹模组装部位沿周边流动，流线密集，走向变化趋势明显。

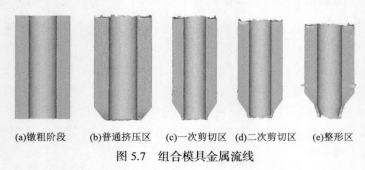

(a)镦粗阶段　　(b)普通挤压区　　(c)一次剪切区　(d)二次剪切区　(e)整形区

图5.7　组合模具金属流线

1）速度场分析

组合模具 TES 挤压过程速度场分布如图 5.8 所示，随着挤压的进行，塑性变形量逐渐增大，金属流动方向和挤压速度方向大体上一致。在镦粗阶段初期，金属整体流动较为均匀，充型能力较好，镦粗结束充型完成后进入挤压剪切阶段，这时金属势必向顶杆接触面及挤压筒与凹模组装面的缝隙处流动，导致缝隙处出现飞边；但是这种情况的出现是不可避免的，若没有金属溢出，说明内部充型过程还存在某些死角区域，最终会导致死区的出现。

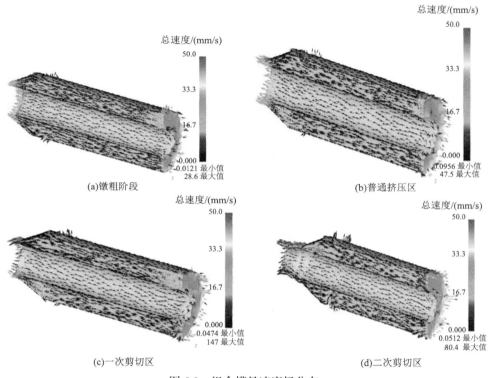

图 5.8　组合模具速度场分布

2）等效应力分析

组合模具挤压剪切过程等效应力分布如图 5.9 所示，可以看出等效应力值变化很大。镦粗时，坯料完成充型；等效应力逐渐增大，随着挤压杆继续挤压，坯料进入大塑性剪切变形区，应力迅速增大到 78MPa；之后在整径区等效应力得到释放且分布相对均匀，等效应力主要集中在底部及挤压筒与凹模组装面处，而坯料中部变化很小。

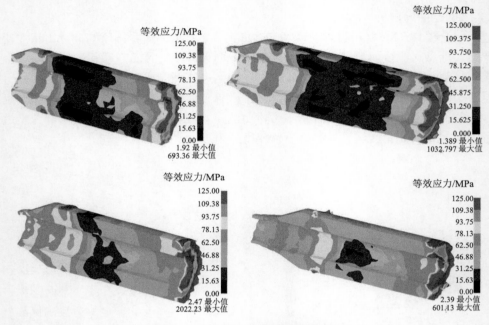

图 5.9　TES 组合模具不同区域等效应力分布

通过前面的分析，组合模具在挤压的过程中挤压力增大，但不是镁合金管材挤压过短的主要原因，因为多缸伺服同步挤压机的公称力完全符合挤压条件。这时考虑加热条件的因素，对组合模具加热孔进行扩孔，如图 5.10（b）所示，然后

图 5.10　基于组合模具挤压剪切管材

将挤压筒加热孔与模具加热孔对齐，如图 5.10（a）所示，刚开始上螺栓时对角依次预拧紧，然后按前面的操作方法循序渐进卡死，这样有利于受力均匀，可以顺利挤压镁合金管材；各方面准备完成开始挤压，所用的参数和前次的参数一样，最后成功挤出管材，如图 5.10（c）、（d）所示。

5.3　基于挤压剪切成形过程中的形核机制

挤压剪切成形工艺继承了传统挤压的优点同时还增加了剪切变形，可以最大限度地发挥镁合金塑性变形潜力使变形更加均匀；在挤压剪切成形过程中，位错不断堆积形成应力集中；为了使应力集中得到释放，晶界附近堆积的位错重新形成亚晶界如图 5.11 所示，积累的应变可以使亚晶转化成大角度晶界的再结晶新晶粒。随着变形量不断积累，产生的热短时间内难以消散，导致局部流变应力减小而滑移能力增强；在四维应力下，晶粒开始自适应转动并调整滑移方向，沿挤压力发生塑性流变且方向同模具转动方向一致。图 5.12（a）为挤压剪切成形过程中的等效应变图，从图中可以看出在剪切区等效应变为 2.8～3.2，最大的等效应变在第四个转角处大约为 3.2；图 5.12（b）为挤压剪切成形管材纵截面挤压剖面金相组织图，它由 25 张对应部位金相照片拼凑而成，反映挤压剪切成形的全部过程；由图可知在积累最大应变处晶粒细化较好。挤压剪切成形过程中晶粒沿着挤压方向明显伸长且呈现较规则的线状排列，中部材料的变形量很小，而挤压剪切面附近的变形量较大，且挤压剪切区晶粒尺寸梯度很明显。

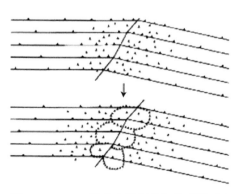

图 5.11　AZ31 镁合金挤压剪切的形核过程

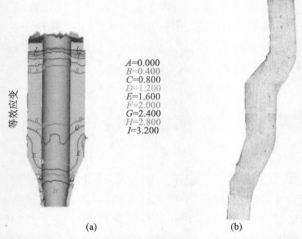

$A=0.000$
$B=0.400$
$C=0.800$
$D=1.200$
$E=1.600$
$F=2.000$
$G=2.400$
$H=2.800$
$I=3.200$

(a)   (b)

图 5.12 （a）累积等效应变分布；（b）剖面金相组织

5.4 挤压剪切过程动态再结晶机制

在镦粗阶段挤压剪切原始晶粒沿挤压方向被拉长，如图 5.13（b）所示，在拉长方向上出现孪晶组织及大量的缠结位错；随后在定径剪切区变形量增加晶粒继续被拉长，当位错密度积累到一定程度时晶粒尺寸变小，同时向晶界运动的胞壁位错密度增加并形成小角度织构界面，因此，镁合金出现动态回复再结晶过程，小角度织构组织在动态回复再结晶的作用下转变为大角度晶界的亚晶，这些晶粒

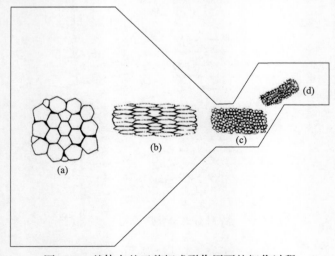

图 5.13 基体在基于剪切成形作用下的细化过程

组织得到一定程度的细化，合金晶粒组织回复到如图 5.13（a）所示的形态，此时晶粒尺寸变小；在后续剪切变形中，转角剪切产生大量积累应变，亚晶粒的数量增多，如图 5.13（c）所示晶粒尺寸进一步减小，当亚晶粒尺寸达到某一临界值时，如图 5.13（d）所示，晶粒尺寸不再发生变化。由于挤压剪切做功转变成储存能，因此位错组合亚晶粒取向差增大，实现亚晶界向大角度晶界转化。

随着挤压剪切的进行，累积应变 ε 增大、位错密度 ρ 增大，同时位错的增殖导致更多亚晶的产生且有利于形核的发生，达到细化晶粒的目的。在一定挤压剪切速率下，位错湮灭速度小于增殖速度，金属内积聚更多内能，使得位错密度增大，晶粒细化明显。

$$\rho = \rho_0 + k\varepsilon \tag{5.9}$$

式中，ρ 为位错密度；ρ_0 为初始位错密度；ε 为累积应变；k 为常数。

流变应力与位错密度的关系如式（5.10）所示：

$$\sigma = \sigma_0 + \alpha G b \rho^{1/2} \tag{5.10}$$

式中，α 为应变 ε 的指数（常数）；G 为弹性模量；b 为滑移方向点阵周期；ρ 为位错密度。

动态再结晶晶粒粒径 d 与应力的关系可表示为

$$\sigma \propto d^{-n} \tag{5.11}$$

式中，n 为常数，一般取值为 0.5～1。可见 σ 越大，d 值越小，因此采取挤压剪切工艺产生大量的动态再结晶晶粒达到细化的目的。

5.5　CA 模拟分析

由于很难通过物理实验研究晶粒长大过程中的微观组织演变特征，于是采用 DEFORM-3D 软件进行 CA 模拟；在 AZ31 镁合金动态再结晶过程中的微观结构演化过程所用到的参数如表 5.3 所示，为了验证该模型，随后将仿真结果与实验结果进行比较。

表 5.3　CA 模拟所用参数

材料参数	数值
$\dot{\varepsilon}_0$-应变速率校准常数	1
r_0-回复常数	0.0048
Q-自扩散激活能	145.9 kJ/mol

续表

材料参数	数值
K -常数	6030
h_0 -应变硬化常数	0.0012
m -应变速率敏感常数	0.12
b-柏氏矢量	$3.196e^{-10}$m
M-晶粒长大的晶界迁移率	$0.8e^{-9}$m^4/（J·s）
ρ_c -动态再结晶临界位错密度	$9e^8$ /m^{-2}
μ -剪切模量	16000MPa

用 ImageJ 软件测得原始晶粒尺寸为 25μm。基于 DEFORM-3D 软件平台材料采用 AZ31 镁合金，试样温度为 370℃，模具温度采用 350℃，环境温度为 20℃；该模型的 AZ31 镁合金模拟参数见表 4.1，微观模型所取平面区域划分为 100×100 个网格，代表 0.1mm×0.1mm 实际区域。本章重点研究管材挤压剪切成形各阶段微观组织演变过程，如图 5.14 所示为管材挤压剪切各阶段取点情况，即 P_1 点镦粗区、P_2 点缩颈区、P_3 点普通挤压区、P_4 点、P_5 点剪切区及 P_6 点整径成形区。图 5.15 为选取位置各点处 AZ31 镁合金的微观晶粒组织情况，不同区域代表不同位向的晶粒大小。由于 P_1 点所在位置要与模具进行热交换，晶界迁移晶粒长大，随着宏观挤压的发生，在即将进入挤压通道时，晶粒停止长大；P_2 点进入塑性变形区，晶粒与晶界处发生未完的动态再结晶，如图 5.15（b）所示，晶粒平均尺寸为 3.89μm。图 5.15（c）为 P_3 点的取样，从图中可以看出大部分母相晶粒与晶粒结合的晶界处形核，并随机分布呈链状特征，晶粒尺寸为 3.75μm。

图 5.14　基于组合模具的管材挤压剪切各阶段取点

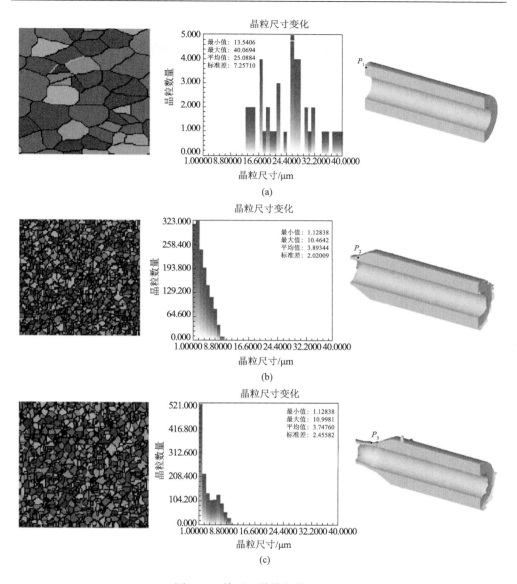

图 5.15　挤压区晶粒的微观组织

随着宏观挤压的进行，坯料进入剪切区，在晶界处发生完全动态再结晶同时伴随着形核及晶界迁移，如图 5.16（a）所示晶粒平均尺寸为 3.67μm 左右。当剪切进入最后阶段即图 5.16（b）所示 P_5 点区域，母相晶粒逐渐被吞并，从而形成较为细小的新等轴晶粒；平均晶粒尺寸达 3.26μm。然而在整径成形阶段坯料直接和模具、芯轴接触，由于不可避免的摩擦产生热量使温度升高，因此晶粒相对长大，即图 5.16（c）所示 P_6 点区域平均晶粒尺寸 3.40μm 左右。

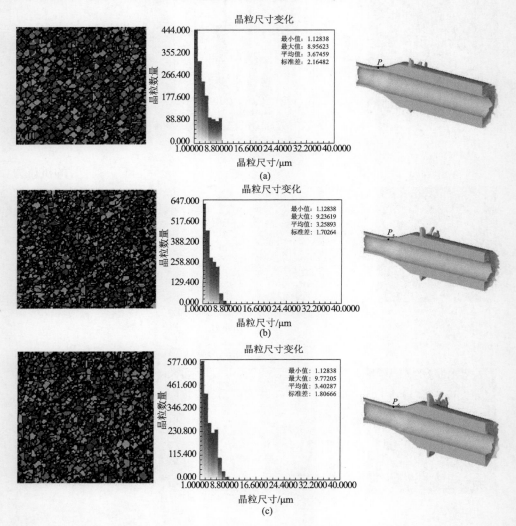

图 5.16　剪切区、整径成形区晶粒的微观组织

　　纵观整个管材挤压剪切过程，坯料经过镦粗、普通挤压、四道剪切及整径调整后成形，由模拟的晶粒微观组织结果可知平均晶粒细化都在大塑性阶段区，而调整阶段由于摩擦热晶粒有所长大。

　　图 5.17 为管材挤压剪切各阶段晶粒微观组织变化情况，2 点为镦粗减径区，3 点为普通挤压区，4 点、5 点为剪切区，6 点为整径成形区；在管材挤压剪切模具内坯料首先发生镦粗缩径，晶粒的内部萌生变形带且发生不连续再结晶，晶界处

出现少量再结晶晶粒；其次，随着挤压的进行坯料进入普通挤压区，在挤压力和普通挤压过程中的挤压热共同作用下，晶粒沿晶界形成亚晶结构，通过亚晶的合并产生交错变形带，且在大的挤压力作用下坯料边部组织沿变形带被破碎成若干碎块，点阵畸变严重，成为连续动态再结晶的优先形核区域；之后晶界迁移亚晶转动形成细小的大角度晶粒。在四道转角剪切区，晶粒受到大的剪切力，继续转动破碎，在剪切力的作用下发生旋转动态再结晶，随变形程度加大，晶内以连续动态再结晶机制产生动态再结晶晶粒，从而达到全面细化组织的效果。

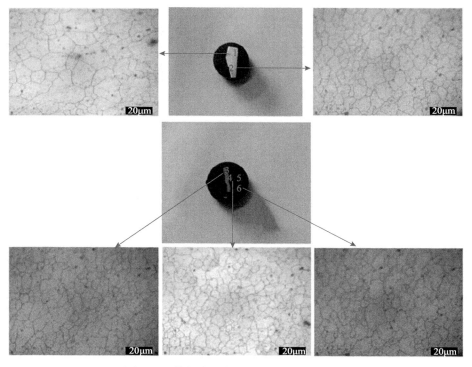

图 5.17　管材挤压剪切各阶段晶粒微观组织

　　纵观整个物理实验过程，晶粒出现阶段性细化及长大，在 4、5 点剪切区晶粒细化明显，晶粒尺寸为 8.46μm，而 6 点整径成形区晶粒有所长大，经测量晶粒尺寸为 9.37μm；晶粒这种变化趋势和 CA 模拟相吻合。
　　管材挤压剪切变形的主要机制是晶内位错运动使材料内部位错增殖且位错密度、空位密度升高，形成大量的胞状结构、亚晶界、孪晶界等，增加了材料塑性变形抗力，从而出现加工硬化。图 5.18 为管材挤压剪切变形镁合金管材的各部位纵截面的硬度值，随着变形程度增加，挤压杯锥区到剪切区材料的硬度值上升；原因是随着变形的持续，晶内位错运动迅速导致晶粒细化加快硬度上升。从加工

硬化指数 η 的方面也可以得到当晶粒平均截线长 D 越小，硬化指数越大。由于加工硬化与材料储存能成正比，在管材挤压剪切过程中，晶粒尺寸变小，累积应变增大，储存能增加，加工硬化增强。从图 5.18 中可以看出硬度值不断增大且在最后剪切段达到最大值 76，而随后在整径成形阶段硬度值下降为 74，这是因为在此阶段摩擦力的作用使温度升高晶粒异常长大，晶界减少导致硬度值有所下降。

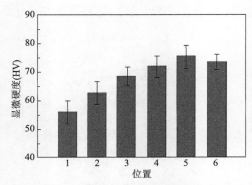

图 5.18　管材挤压剪切过程不同部位区域的硬度

5.6　400℃微观组织演变及宏微观数值分析

从图 5.19 基于组合模具的管材挤压剪切各阶段 CA 模拟及晶粒微观组织变化中可以看出，400℃时 CA 元胞晶粒模拟与 370℃时情况基本相同，都呈阶段性晶粒细化及长大的趋势。表 5.4 为 400℃时晶粒尺寸模拟情况与 ImageJ 软件测得晶粒结果，从表中可知，由于测量误差的存在，金相测得的平均晶粒尺寸与 CA 模拟的整体变化趋势一致，但其值略偏大，最终测得的成形管材晶粒尺寸为 14.3μm。无论是模拟还是金相实验 400℃时的平均晶粒尺寸都要比370℃时大，产生这种情况的原因是 AZ31 镁合金对变形温度敏感，且塑性变形机制主要是基面滑移和孪生，随着变形温度的增加，非基面滑移转化为镁合金的主要变形机制，塑性变形能力增强；同时原子热激活效应增强，再结晶百分数增加，晶粒尺寸分布均匀性增大，平均晶粒尺寸增大。图 5.20 为 400℃、370℃时的挤压剪切各阶段纵截面的硬度值，从图中可以看出 400℃各阶段的纵截面硬度值变化趋势和 370℃时一致，不过总体硬度相对减少些，原因在于温度升高，位错运动增强、缠结能力减弱，同时晶粒迅速长大、晶界的数目减少导致硬度值下降。

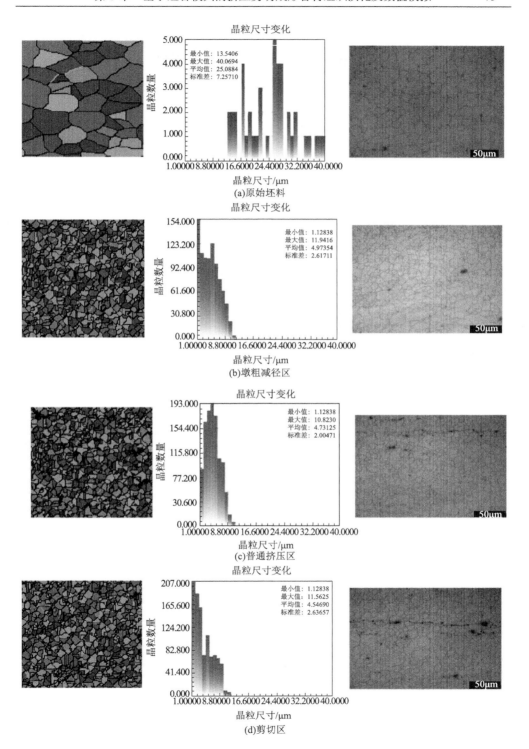

晶粒尺寸变化

最小值：13.5406
最大值：40.0694
平均值：25.0884
标准差：7.25710

晶粒尺寸/μm
(a)原始坯料

晶粒尺寸变化

最小值：1.12838
最大值：11.9416
平均值：4.97354
标准差：2.61711

晶粒尺寸/μm
(b)墩粗减径区

晶粒尺寸变化

最小值：1.12838
最大值：10.8230
平均值：4.73125
标准差：2.00471

晶粒尺寸/μm
(c)普通挤压区

晶粒尺寸变化

最小值：1.12838
最大值：11.5625
平均值：4.54690
标准差：2.63657

晶粒尺寸/μm
(d)剪切区

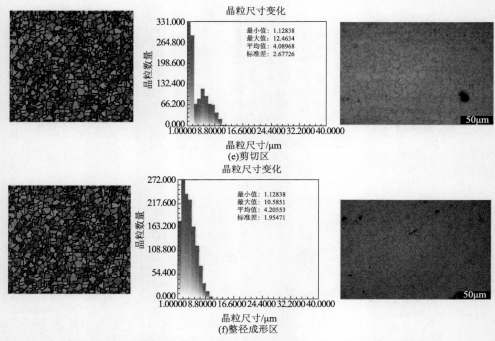

图 5.19 基于组合模具的管材挤压剪切各阶段 CA 模拟及晶粒微观组织

表 5.4 400℃时 CA 模拟尺寸及 ImageJ 测得晶粒尺寸

	1 区域	2 区域	3 区域	4 区域	5 区域	6 区域
CA 模拟晶粒尺寸/μm	25	4.97	4.7	4.54	4.08	4.2
金相测得晶粒尺寸/μm	28.5	18.6	16.4	15.1	13.6	14.3

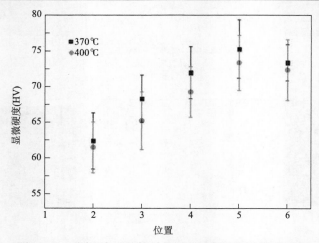

图 5.20 不同温度下的管材挤压剪切各阶段纵截面硬度

5.7　小　　结

　　本章主要介绍元胞自动机法的基本思想、特征，划分元胞空间、定义邻域、应用边界条件、确定转变规则及选定 CA 模型的各个参数，观察试样经挤压剪切成形过程中不同变形区的微观晶粒组织演变；运用金相实验、硬度测试手段，对模拟及实验进行分析，得出以下结论。

　　（1）基于组合模具的管材挤压剪切实验虽然成功，但挤出的镁合金管材过短，通过 DEFORM-3D 有限元分析得到组合模具挤压力增大、金属流动受阻；最后通过扩大加热孔成功挤出管材。

　　（2）对管材挤压剪切热变形过程中 AZ31 镁合金的形核机制及晶粒细化机理进行探讨，晶界处位错不断堆积造成应力集中，为了减少这种集中，晶界附近堆积的位错须重新组合形成新的亚晶界；随着管材挤压剪切的进行，应变不断增加，这些亚晶最终演化成再结晶新晶粒。挤压条纹的形成是挤压热加剧局部滑移，通过滑移方向的调整及自适应旋转，在挤压力方向上发生塑性流变，最终挤成纤维状。

　　（3）利用 CA 法对管材挤压剪切过程进行模拟，动态地再现动态再结晶过程，模拟的晶粒微观组织在镦粗、普通挤压及四道剪切区平均晶粒尺寸依次减小，而在调整阶段由于摩擦生热晶粒有所增大；管材挤压剪切模拟中大塑性变形区晶粒变化情况，可作为微观组织发生动态再结晶、晶粒细化的重要影响因素；CA 模拟晶粒结果与管材金相实验及硬度测试吻合。

　　（4）对 400℃管材挤压剪切进行模拟及实验，得出随着变形温度的增加，原子热激活效应增强，再结晶百分数增加，使得晶粒尺寸分布均匀性增大，平均晶粒尺寸增大；而硬度整体变化趋势与370℃时完全一致，但数值略有下降。

第6章　镁合金管材挤压-剪切-扩径成形
工艺实验及检测实验

镁及其合金是实际工程应用中最轻的金属结构材料，具有广阔的应用前景。挤压加工是镁合金管材最常见的生产方式。管材通过扩径成形的方式能够减小成形设备的体积，降低生产成本。本文在课题组前期的研究基础上提出将挤压、剪切、扩径三道工序结合起来的新型镁合金管材大塑性变形方式即管材（tube）挤压（extrusion）-剪切（shear）-扩径（expander）成形工艺（简称 TESE）。通过有限元模拟、成形实验、微观组织结构表征、力学性能测试等相关工作探究了 TESE 成形管材与普通成形管材在力学性能与显微组织结构上的差异性；研究了 TESE 工艺成形过程中的显微组织演变以及不同工艺参数（温度、剪切角）对成形管材的影响规律。

6.1　有限元模拟

6.1.1　有限元模型的建立

基于当前的研究思路，将挤压、剪切与扩径三种工艺（TESE 工艺）结合起来进行镁合金薄壁管材的成形。建立了如图 6.1 所示的成形装置三维实体模型，图中所示的普通挤压区（Ⅰ区）指坯料从缩径区到第一次扩径剪切区之间的内径不变的等径区。普通挤压区下面就是剪切扩径区，该区域又分为第一段和第二段剪切扩径区，第一段剪切扩径区是由内径逐渐扩大的扩径剪切区（Ⅱ区）与此区域下面的一段内径不变的定径区（Ⅲ区）组成，扩径剪切区与定径区之间以圆角平衡过渡连接。扩径剪切区是凹模与挤压针直径都变化而形成的区域，挤压针的外边缘轴线保持与凹模径剪切区平行。定径区是直径都不变的凹模和挤压针形成的区域；在定径区下面就是由第二段扩径剪切区（Ⅳ区）。与第一段扩径剪切区类似，直径变化的凹模与以同样变化方式的挤压针形成此区域。用于成形实验的模具变形区部分尺寸如表 6.1 所示。

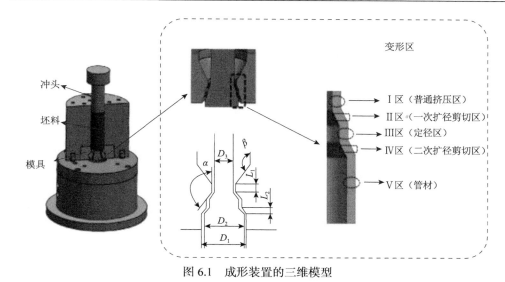

图 6.1　成形装置的三维模型

表 6.1　变形区部分尺寸（mm）

D_1	D_2	D_3	β
32	28	17.5	150°

6.1.2　模拟方案及模拟参数的设定

　　热成形是一个复杂的多物理场变化过程，运用 DEFORM-3D 塑性有限元软件对热成形进行动态的多物理场模拟，能够比较准确的了解到成形过程中的应力场、应变场、速度场、温度场的分布情况以及载荷随行程的变化情况。利用 DEFORM-3D 对 TESE 工艺整个成形过程进行有限元模拟，探究 TESE 工艺的成形过程，研究不同工艺参数对工艺成形性的影响规律。表 6.2 为有限元模拟参数，表 6.3 中的方案 11、12、13 是通过改变剪切角来控制扩径比（D_2/D_3）。将成形装置三维模型的各个部分分别保存为"STL"格式，输入到 DEFORM-3D 前处理器中。将坯料（AZ31）设置为从动件（slave），凸模设置为主动件（primary die）。

表 6.2　有限元模拟参数

名称	参数
坯料直径（内径，外径）/mm	17.5，40
坯料网格单元总数	23468
模具和坯料之间的导热系数/[N/（℃·s·mm²）]	11

续表

名称	参数
模拟步长/mm	0.2
网格密度类型	相对的
相对渗透深度	0.7
体积补偿量/mm^3	23468

表 6.3　有限元模拟方案

参数	方案												
	1	2	3	4	5	6	7	8	9	10	11	12	13
速度/（mm/s）	5	10	15	5	5	5	5	5	5	5	5	5	5
角度 α/（°）	140	140	140	150	130	140	140	140	140	140	100	110	120
摩擦系数	0.25	0.25	0.25	0.25	0.25	0.1	0.4	0.25	0.25	0.25	0.25	0.25	0.25
温度/℃	410	410	410	410	410	410	410	440	380	410	410	410	410
扩径比	1.6	1.6	1.6	1.6	1.6	1.6	1.6	1.6	1.6	1.3	3.0	2.5	2

6.2　TESE 工艺成形实验

6.2.1　实验方案

　　根据有限元模拟设计了如表 6.4 的实验研究方案，并以此方案对镁合金进行 TESE 工艺的成形，并且对比普通挤压成形的镁合金薄壁管材（剪切角为 0°即为普通挤压）；由于是在再结晶温度以上进行的热挤压成形，挤压温度对工艺的成形性影响比较大，因此本文也探究了成形温度对 TESE 成形性的影响。另一方面，变形量对热加工过程中的镁合金动态再结晶、动态回复以及形变硬化有较大的影响，因此本文还探究了剪切角对 TESE 成形性的影响。表 6.4 设置的成形实验方案都是在扩径比为 1.6（除普通挤压无扩径外），挤压速度为 10mm/s，加少量润滑的实验条件下进行。

表 6.4　实验方案

参数	方案											
	1	2	3	4	5	6	7	8	9	10	11	12
角度 α/（°）	150	150	150	140	140	140	130	130	130	0	0	0
温度/℃	440	410	380	440	410	380	440	410	380	440	410	380

6.2.2　实验材料

实验材料是 AZ31 镁合金，其具有较高的抗振能力和吸热性能，AZ31 部分物性参数如表 6.5 所示。原始坯料尺寸为外径 40mm、内径 17.5mm、长度 80mm；成形管材的尺寸为直径 32mm、厚度 2mm。

表 6.5　AZ31 物性参数

泊松比	线膨胀系数 $a/（1/K）$	密度/（g/cm³）	杨氏模量/MPa
0.35	26.8×10^{-6}	1.78	45000

应力指数	变形激活能 $Q/（J\cdot mol^{-1}）$	导热系数/[W/（m·k）]	比热容/[J/（kg·K）]
5.1	197000	128.88	293

6.2.3　实验设备

挤压加工中压力设备分为机械式和液压式，相对于机械式传动，液压式在压力加工时更加平稳，适应性比较好。一般的液压式挤压机主要有动力部分即泵；主体部分：各种缸；控制元件：节流阀、安全阀；辅助部分：管道、储液槽。本实验中采用的是液压式单动立式液压机如图 6.2（a）所示，主缸公称力为 2500kN。

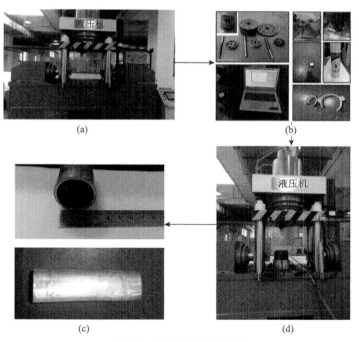

图 6.2　TESE 工艺成形图

（a）液压机；（b）成形模具及辅助设备；（c）成形管材；（d）成形过程

根据实验方案制造了适用于 TESE 工艺的成形模具，模具的材料为 H13。H13
（4Cr5MoSiV1）属于热作模具钢的一种，良好的韧性和抗热裂的能力以及较小的热
变形量使其广泛应用于模具制造行业。TESE 成形过程中：AZ31 坯料在经过表面的
打磨后放入到组装好的模具中；利用石墨以及氮化硼润滑剂对模具进行润滑；电阻
加热线圈对模具以及放置在模具中的坯料进行加热，利用热电偶探头，通过温度转
换器将温度的实时数据传输到笔记本电脑上；当温度到达工艺参数所规定的温度
时，启动液压机以 10mm/s 的速度进行挤压成形。成形过程如图 6.2 所示。

6.3　力学性能测试

6.3.1　拉伸实验

作为最基本的、应用最广的材料力学性能方法，拉伸试验测得的力学性能
指标反映的是在承受载荷的条件下，材料在抵抗变形和断裂的能力。这些性能
指标一方面可以作为工程设计、评选材料和优选工艺的参考依据，具有极其重
要的工程意义；另一方面揭示了材料的基本力学规律。沿挤压方向取下拉伸试
样，取样如图 6.3（a）所示，试样尺寸如图 6.3（b）所示，标距长为 20mm、宽
为 2mm、厚度为 1mm。由于所取得的拉伸试样为成形过后的管材，表面有在热
加工过程中产生的氧化皮以及可能存在裂纹等缺陷，因此要用砂纸对试样进行
打磨。利用 MTS 万能拉伸试验机对打磨过的拉伸试样进行拉伸实验，拉伸速度
设定为 0.5mm/min。

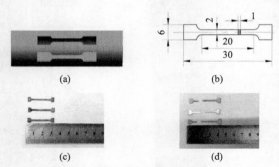

图 6.3　拉伸试样图（单位：mm）

（a）取样图；（b）试样尺寸图；（c）拉伸实验前；（d）断裂后

6.3.2　硬度实验

硬度也是一个重要的力学性能的指标，主要是衡量材料抵抗外物压入其表面

的能力。硬度的测试方法有很多种，根据计算方法以及压头的形状主要分为维氏硬度测量法、布氏硬度测量法、洛氏硬度测量法等。本文所采用的是实验设备为 HVS-1000 型数显显微硬度计即维氏硬度测量法，用一个相对面间夹角为 136° 的金刚石正棱锥体压头，设置其加载的载荷为 100g，保持 15s 后卸除载荷，通过计算其对角线的长度来求出压痕表面积上的平均压力，最后换算成维氏硬度值。每一个样品测量 15 个点，去掉最高以及最低值后，计算剩余 13 个点的平均值即为该样品的维氏硬度值，硬度值的测量误差范围为±2。

6.3.3　拉伸断口观察

断裂是金属材料常见的失效形式，断口一般发生在金属组织中较为薄弱的地方，通过断口的形态特征能够研究一些类似于像断裂起因、断裂性质等基本问题。本文采用 JSM-6460LV 钨灯丝扫描电镜对拉伸断口进行了观察与分析，通过对每个试样在 200 倍到 3000 倍的观察，研究 TESE 断口形貌以及不同工艺参数对断口形貌的影响规律。

6.4　微观组织结构测试

6.4.1　金相组织观察

金相分析是利用金相显微镜来研究金属材料低倍数的显微组织形态、数量、大小的一种最直接、简单的观测手段。它是利用材料中的各相或者同一相在不同方向上对腐蚀液表现出的特征不同，利用显微镜将这些特征放大成像的一种方法。本文主要探究 TESE 成形过程中显微组织的演变规律以及不同工艺参数对成形管材的影响规律。利用线切割对 TESE 工艺变形区不同部位、不同工艺参数下的成形管材进行取样，由于切割面的显微组织在切割时会受到影响，因此利用粗砂纸对每一个样品的切割面进行打磨，每一个切割面打磨减薄的程度在 1mm 左右。这样能够最大化减少切割时对样品显微组织造成的影响；对所取得的样品进行镶嵌。将样品和自凝型的牙托水以及牙托粉在室温下加入到模具中，进行 20min 固化后取出；将所取出的镶嵌样进行打磨，利用砂纸对所要进行观测的面进行砂纸由粗到细的打磨，直至待观测表面无明显划痕且趋于镜面；打磨过后的样品利用腐蚀液进行侵蚀，将待测表面放入腐蚀液中侵蚀 20s 后，利用乙醇将待观测表面的腐蚀液冲洗，然后吹干。腐蚀液配方如表 6.6 所示。待测面利用徕卡 DMI5000M 金相显微镜进行不同倍数的显微组织观测。

表 6.6　腐蚀液成分

类型	化学成分			
苦味酸腐蚀液	苦味酸 5g	冰醋酸 5mL	蒸馏水 10mL	乙醇 100mL
硝酸腐蚀液	硝酸 5mL		乙醇 95mL	

6.4.2　宏观织构测试

在塑性加工过程中，所得到的制品常常会产生沿着主应力方向上的择优取向。在挤压加工的过程中，成形管材的一些晶面和晶向会平行于挤压方向，形成比较强烈的织构。这些织构所引起的各向异性会在很大的程度上对产品的性能造成影响。宏观织构的测定主要是对材料进行 X 射线衍射，得到衍射图谱，分析晶粒的取向。本文利用 Panalytical Empyrean X 射线衍射仪对成形管材进行宏观织构的检测，采用 Cu 靶材，加速电压为 40kV，电流为 40mA 扫描步长为 0.02°。由于样品必须是平直的，而成形的管材是弧形的，因此需要对所取下的样品进行如图 6.4 的处理，最后进行镜面打磨得到 10mm×10mm 的宏观织构待测样。

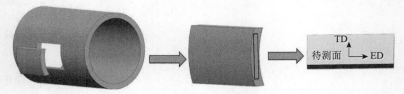

图 6.4　XRD 样品处理示意图

6.4.3　电子背散射衍射实验

电子背散射衍射技术（EBSD）是一种晶体微区取向和晶体结构的分析技术。EBSD 被广泛地应用于材料领域，通过 EBSD 能够进行晶粒的尺寸以及形状分析；织构以及取向差的分析；晶界、亚晶以及孪晶性质的分析；相以及相成分的分析；应变测量等。本文通过对 TESE 工艺变形区的不同位置、不同工艺参数下的 TESE 成形管材进行 EBSD 测试获取微区的晶粒取向、孪晶分布、晶粒的再结晶分布情况、织构分布以及强弱、Schmid 因子分布等方面内容来探究 TESE 工艺微观组织结构的演化规律以及不同工艺参数对工艺微观组织结构的影响。由于 EBSD 测试对样品具有较高的要求，样品需保持平直且具有良好的导电性，无应力层。因此在开始进行测试前需要对样品进行前处理。电解抛光以及氩离子刻蚀是目前对 EBSD 样品进行前处理最常用的两种办法，本文主要采用电解抛光对样品进行前处理。将切割好的样品利用砂纸进行由粗到细的打磨，直至待观测表面无明显划痕且趋于镜面。用乙醇冲洗并吹干。进行电解抛光，将吹干后的样品镊子夹住放入到抛光液中，抛光液的成分如表 6.7 所示，液氮将抛光液的温度控制在-30℃左右，抛光的电压为 20V，电流根据待测面的大小在 0.01～0.05A 之间调节，抛光时间为 100～150s。抛光完成后，将待测样品用乙醇冲洗后，放置在乙醇中防止氧化。测试时，将乙醇中的样品取出，贴在样品台上，进行 EBSD 测试。实验的选区为（TD-ED 面），选区的大小不定，由于成形管材的晶粒比较小，选区较小，而变形区的晶粒较大，因此选区较大。扫描的步长约为选区晶粒大小的 1/10～1/5。微区的数据利用 channel5 软件以及安装了 MTEX 子程序的 Matalab 进行处理。

表 6.7　电解抛光液成分

成分	含量	成分	含量
羟基喹啉	10g	乙醇	800mL
硫氰酸钠	41.5g	高氯酸	15mL
柠檬酸	75g	蒸馏水	18.5mL
丙醇	100mL		

6.5　小　　结

本章通过有限元模拟和实验研究深入探讨了镁合金管材的挤压-剪切-扩径成形工艺（TESE 工艺）。首先，利用 DEFORM-3D 软件建立了包含挤压、剪切和扩径的三维实体模型，并设置了关键模拟参数，如坯料尺寸、网格单元和导热系数，以及速度、角度、摩擦和温度等，为后续实验提供了理论基础。接着，基于模拟结果，设计了全面的实验方案，选用 AZ31 镁合金作为实验材料，并在液压式单动立式液压机上进行成形实验，探究了不同角度和温度对成形性的影响。力学性能测试部分，通过拉伸实验、硬度测试和断口观察，评估了材料的力学行为和断裂特性。微观组织结构测试则通过金相显微镜、X 射线衍射和电子背散射衍射技术，揭示了 TESE 工艺对晶粒取向、孪晶分布和织构的影响，为理解材料内部结构与宏观性能的关系提供了重要信息。综合模拟与实验结果，本章优化了 TESE 工艺参数，为镁合金管材的高质量生产提供了科学依据。

第 7 章　镁合金管材挤压-剪切-扩径成形过程

7.1　TESE 成形过程研究

7.1.1　TESE 成形过程中的网格变化

挤压成形过程是放置在模具型腔中的金属坯料在压应力的作用下，不断流动的过程。在 TESE 成形过程中，放置在模具型腔中经过加热的坯料，在挤压力的作用下流过成形通道，最终成形。图 7.1 为成形过程中的金属坯料的流动图，坯料在成形的过程中遵循最小阻力定律与体积不变定律，由于放置在型腔中的金属坯料的五个自由度已被限制，因此坯料的各质点的大致的流动方向沿着挤压通道往下流动。首先，金属坯料在压应力的作用下进行缩径如图 7.1（a）所示；随后流经扩径剪切区域如图 7.1（b）所示；最后流出模口如图 7.1（c）所示。在整个的过程中，坯料发生强烈的塑性变形，网格不停地发生畸变。

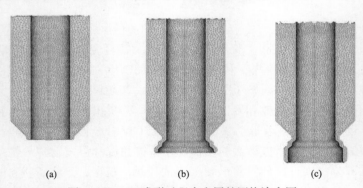

(a)　　　　　　　　　(b)　　　　　　　　　(c)

图 7.1　TESE 成形过程中金属的网格演变图

7.1.2　成形过程中的载荷变化

TESE 成形过程中，载荷是在不断变化的，如图 7.2 所示，成形过程中的载荷-行程图。载荷的变化趋势主要分为三个阶段，首先金属坯料流入缩径区，此时的压应力即所需的载荷较小，大约为 $1×10^4$N，在这一区域的载荷呈现比较平缓增大的趋势，这一阶段的金属坯料的变形量较小，因此所需的载荷较小。第二阶段即扩径剪切阶段，载荷值明显增大而且增速明显大于第一阶段，金属坯料在这一区域发生强烈的塑性变形，所需的载荷也变大。从图中可以看出载荷与行程呈现出线性增大的趋势。最后为稳定挤压阶段，金属坯料通过变形区后成形，载荷较为稳定在一定的区间内上下波动。从整个载荷-行程来看，随着坯料流经的位置不同，载荷的变化不同。在坯料流出模口也就是流经缩径区与扩径剪切区这一过程，载荷随着行程的增加而呈现增大的趋势，坯料在流出模口的瞬间，载荷达到峰值。而后随着挤压的进行即稳定挤压阶段，载荷值随着行程的增加在这一峰值上下波动。

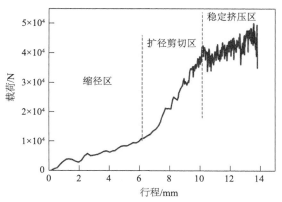

图 7.2　TESE 成形过程中载荷-行程图

7.1.3　成形过程中的温度场分布

图 7.3 所示为在 410℃时，TESE 成形过程中不同阶段的温度场分布情况。从整体来看，整个管坯温度场的分布呈现出两端温度高于中间部分的温度如图 7.4（d）所示，金属坯料的上端由于受到挤压杆的直接作用，因此具有较大的变形量，下端为主要变形区因此也具有较大的变形量。变形的过程中金属坯料的热效应来自两个方面，一是坯料克服外摩擦力做功即成形时，坯料与外部模具之间发生相对运动而产生的热量；二是坯料克服内摩擦力做功，因为在变形的过程中需要克服一系列的能垒，其具体的表述如下：

$$A = Ae + Am \tag{7.1}$$

式中，A 为内部变形能；Ae 为弹性变形位能；Am 为塑性变形位能。

塑性变形位能主要是克服材料内部原子移动时所需要的能量，其大部分将由热能的形式释放，因此又称为塑性变形热能，其转化的公式如下：

$$Ar = \eta \cdot Am \tag{7.2}$$

式中，Ar 为热能；η 为转化率，纯金属：$\eta=0.85\sim0.90$；合金：$\eta=0.75\sim0.85$。

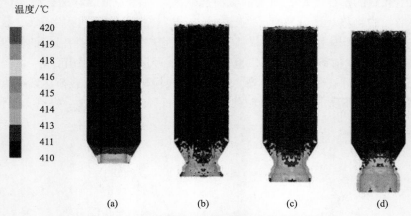

图 7.3　TESE 成形过程中不同阶段温度场分布

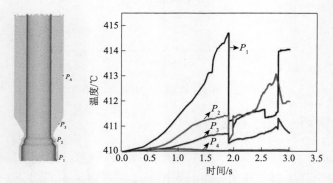

图 7.4　TESE 成形过程中金属坯料不同位置的温度场变化

1~4 为 $P_1\sim P_4$ 点温度随时间的变化

从图中可以明显看出不同阶段温度场的分布有差异，图 7.3（a）为缩径段，较小的应变量导致释放的热量较小，该区域的温升为 4℃左右，而当金属坯料流至扩径剪切段，坯料部分区域的最高温升达到了 10℃左右，而此时扩径剪切区的温度分布不均匀，如图 7.3（b）、图 7.3（c）所示。图 7.4 是通过在原始坯料的不同区域内取点，利用点追踪的方法来探究不同部位的温度变化情况，从图中能够更加直观地看出两端变形区存在不同程度的局部温升的情况，同时变形区不同部位的温度场分布也不同。

7.1.4　成形过程中的应变场分布

图 7.5 为 TESE 工艺成形过程中在不同阶段的等效应变分布情况，分布特征基本与温度场的分布类似。从坯料整体的等效应变分布来看，成形完成后等效应

变的最大值分布在金属坯料的上下两端，中间部位的等效应变值较小，如图 7.3
（d）所示。由于两端在压应力的作用下发生剧烈的塑性变形，尤其是金属坯料的
上部直接与压力杆相接触，塑性变形最大，等效应变的最大值也出现在这个位置。
从成形过程中的不同阶段来看，坯料流经不同位置的等效应变值不同。在缩径区，
等效应变值较小如图 7.5（a）所示，此时金属坯料刚刚发生塑性变形，变形量较
小；坯料流至扩径剪切区时如图 7.5（b）及图 7.5（c）所示，塑性变形程度变大，
等效应变值变大。但应变值分布不均匀，表现为内外两侧的等效应应变值较大，
中部的等效应变值略低于两侧。内外两侧直接与成形模具的内外型腔相接触，因
此具有高于中间部位的等效应变值。

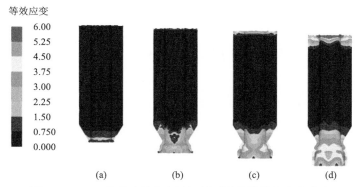

图 7.5　TESE 成形过程中金属坯料不同阶段等效应变分布

7.1.5　成形过程中的速度场分布

为了探究管坯不同部位在成形过程中的速度变化情况以及不同位置速度场分
布的差异性，利用点追踪的方法对金属管坯的四个不同位置即管材的成形区、扩
径剪切区、缩径区以及未发生塑性变形的部位进行了模拟。

图 7.6 为在 5mm/s 的挤压速度下，金属坯料不同位置的速度场变化情况。如
图所示，P_1 点为最终成形管材部位，其速度在短时间内急剧上升到达峰值，P_1
点位于管坯的最前方，最先发生塑性变形即在压应力的作用下最先向下流动。
因此在整个的成形过程中具有最大的速度，而且速度的峰值也是最大的。P_2
点是位于扩径剪切区上的点，也发生了较大的塑性变形，所以 P_2 点的速度曲
线也发生了较大的波动，但由于 P_2 点后于 P_1 点发生塑性变形，因此其速度峰
值要晚于 P_1 点而且速度峰值也要低于 P_1 点。P_3 点和 P_4 是将要发生塑性变形和
未发生变形的点，因此速度曲线比较平缓，几乎与凸模的运行速度一致，在
5mm/s 左右。

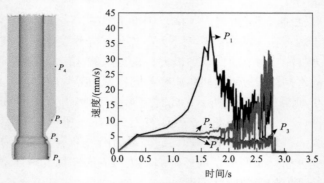

图 7.6　TESE 成形过程中金属坯料不同位置速度场变化

1～4 为 P_1～P_4 点速度随时间的变化

7.2　成形温度对 TESE 工艺的影响

7.2.1　温度对成形载荷的影响

由于镁合金在室温下具有较差的塑性，在室温下加工，镁合金的滑移系难以启动。因此，对于镁及其合金的加工常常为热加工即在再结晶温度以上的加工。较高的温度能够促使镁合金更多滑移系的启动，更加利于镁合金的塑性加工。热加工相比于冷加工，加工所需要的成形载荷更小。较小的成形载荷使得成形时，成形模具的受力更小，降低了对模具的磨损，从而延长了模具的使用寿命，降低了成本。

如图 7.7 所示通过有限元的方法模拟了在其他工艺参数不变的情况下，以 30℃为温度梯度的载荷变化图。从图中可以看出，不同温度下的载荷变化趋势是一致的，随着行程的增加，载荷值变大，到达峰值即稳定挤压过后趋于一个定值。通过三种温度的载荷-行程图对比可以得出，在一定的温度范围内，同一行程下温

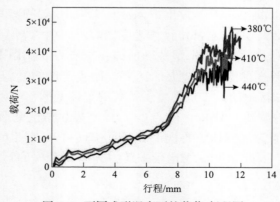

图 7.7　不同成形温度下的载荷-行程图

度的升高会导致成形所需的载荷降低。以坯料在稳定挤压区为例，380℃成形时，载荷值在 4.5×10⁴N，温度升高 30℃后，载荷降至 4×10⁴N，而当温度升高了两个梯度后，载荷值大概减少了 1×10⁴N。温度的升高导致更多的滑移系得以启动，金属坯料内部的原子也变得更为活跃，原子的扩散系数增大，温度越高，原子的能量就越大，越容易迁移，进而使位错的运动更加容易，塑性变形的抗力降低，因此成形时所需载荷较小。

7.2.2　温度对等效应力的影响

图 7.8 为不同成形温度下的等效应力分布云图，因为等效应力会随着金属坯料的流动而发生局部的改变，因此选择了坯料刚刚流出模口也就是刚刚有一部管材成形时的等效应力的分布。从管坯等效应力整体分布情况来看，两端的等效应力大于中间部位。管坯的等效应力最大值在上部出现，由于管坯的上部受到挤压杆的直接作用，因此应力值较大。管坯的下部即变形区的应力值较大，这主要是由于变形的过程中，金属坯料受到挤压型腔的作用，发生塑性变形，相较于未发生变形的部位应力值增大。中间未变形的部位只受到管坯的摩擦，因此等效应力值较小。从图中可以明显看出温度对等效应力的分布以及管坯同一部位的应力值大小有明显的影响。随着温度的升高，镁合金管坯变形区的应力值降低，440℃时，变形区等效应力的平均值为 25MPa，380℃时等效应力均值就变为了 30MPa。在另一方面，温度变化会对其等效应力的均匀性产生较大的影响。380℃成形时，变形区的等效应力分布不均匀，升高一个温度梯度后，变形区的均匀性提高。温度为 440℃时，变形区以及坯料上部的等效应力值变得较为均匀。等效应力分布的均匀性会在很大程度上影响管材的成形质量，成形时等效应力值分布较差的管坯，成形管材的表面质量一般较差。一般来说如果均匀性比较差，成形的管材中就可能会出现裂纹以及孔洞等缺陷，从而影响制件的质量。

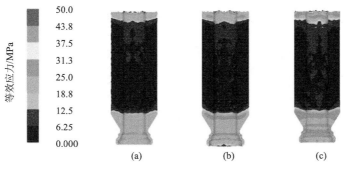

图 7.8　不同成形温度下等效应力分布图
（a）440℃；（b）410℃；（c）380℃

7.3　成形速度对 TESE 工艺的影响

7.3.1　速度对成形载荷的影响

镁合金的热加工实际上是一个形变强化和动态软化的过程。成形速度会在很大程度上影响镁合金的成形质量以及加工过程中的工艺性。首先，成形速度会在很大程度上影响模具的使用寿命，以及各辅助设备的使用寿命。因此，成形速度是镁合金热加工的极其重要的工艺参数。本工艺选取了以 5mm/s 的速度梯度的三个速度值进行有限元模拟，来探究不同速度对工艺成形性的影响情况。图 7.9 为不同成形速度下的载荷-行程图。不同速度下载荷随着行程的变化趋势是一致的。相同行程下，不同速度所需要的载荷不同；另一方面，不同速度下坯料流经不同位置时的载荷值变化不同。当坯料流经缩径阶段时，不同速度下成形所需要的载荷值变化不大，以 15mm/s 成形所需要的载荷到达最大值，而以 5mm/s 成形所需载荷最小；与缩径区类似坯料流经扩径剪切区时，变化依然比较小，较大的成形速度依然具有较大的载荷值；当坯料进入稳定挤压阶段时，不同速度下的成形所需的载荷差异性就比较明显，挤压速度为 15mm/s 时，稳定阶段的载荷值在 5×10^4N。当速度为 5mm/s 时，载荷值降至 4×10^4N。从整体上来看，速度的升高会导致成形载荷的增加，每一个区域增加的幅度有所不同，增加幅度的最大值在稳定挤压阶段。

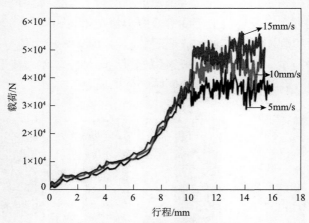

图 7.9　不同成形速度下的载荷-行程图

7.3.2　速度对温度场分布的影响

为了探究不同成形速度下温度场的分布情况，模拟分析了不同速度下，金属管坯在不同行程下的温度场分布。图 7.10 为成形温度为 410℃时不同速度下的温度场分布。从同一速度下金属坯料温度场变化情况来看，随着金属坯料不断地向下流动即凸模行程的不断增加，温度场变化越明显。也就是说当坯料流至扩径剪切区时的温度变化值大于刚流至缩径区时的变化值，这里的变化主要体现为温度的上升。不同速度下，不同阶段的温度场分布有明显的差异性。如图 7.10（a）所示，当成形速度为 5mm/s 时，不同阶段的温度变化不大，当行程为 11.4mm 时，变形区的温升在 5℃左右。当成形速度为 10mm/s 时，不同阶段的温度变化比较明显。行程为 11.4mm 时，变形区的温升在 10℃左右，对比成形速度为 5mm/s 时变形区的

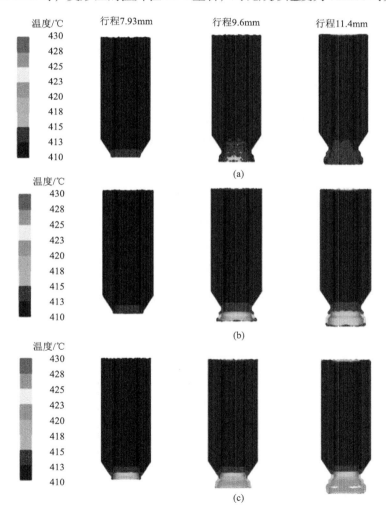

图 7.10　不同成形速度下温度场分布

（a）5mm/s；（b）10mm/s ；（c）15mm/s

温升值，在 10mm/s 下成形的变形区温升值是 5mm/s 的两倍。当速度为 15mm/s 的最大成形速度时，各阶段的温度变化十分明显，行程为 11.4mm 时，变形区的温度值在 424℃左右，温升值为 15℃左右。随着速度的增加，金属坯料各部位的温度升高，变形区尤为明显。成形速度的提高，单位时间内金属坯料的应变量增大，单位时间内金属坯料所储存的塑性变形位能就增大，热量的释放也会相应增加。在另一方面，在较高速度下成形，成形所需要的时间就会缩短。成形过程中，坯料与外界存在着物质交换。因此，金属坯料与外界的热交换的时间就会相应缩短。一般来说，利用较低的成形速度有利于管材的成形。

7.4　扩径比对 TESE 工艺的影响

7.4.1　不同扩径比下的金属流动

将最终成形管材直径与缩径区的底部直径的比值定义为扩径比（D_2/D_3）。如图 7.11 为不同扩径比下金属坯料变形区的流动图。从图中可以看出，随着扩径比的增大，坯料的流动性变差。在较大的扩径比下成形，变形区的塑性变形会更加的困难，塑性变形的阻力增大，金属的流动性变差。从图 7.11（a）、图 7.11（b）中可以看出当扩径比小于等于 1.6 时，坯料的流动性较好，成形管材平整度较高。当扩径比为 2 时，坯料的流动性下降，出现了管材不平整的区域，少部分管材先流出。扩径比为 2.5 时，流动性变差，管壁不平整的区域增多。当扩径比为 3 时，金属坯料的流动性变得很差，成形管壁极不平整，部分区域未成形。

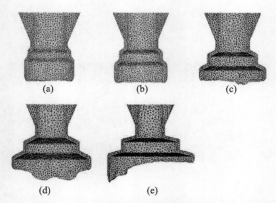

(a)　　　　　　(b)　　　　　　(c)

(d)　　　　　　(e)

图 7.11　TESE 不同扩径比下变形区的金属流动图

（a）1.3；（b）1.6；（c）2；（d）2.5；（e）3

7.4.2　不同扩径比下的损伤值分布

图 7.12 为不同扩径比下，镁合金坯料变形区的损伤值分布情况。从图中可以明显地看出当扩径比小于 1.6 时，变形区的损伤值较小，表明在此扩径比下，金属坯料的塑性变形较小。当扩径比达到 2.5 时，金属坯料部分区域（管材成形区）的损伤值变大，而且分布均匀性变差。扩径比的增大导致金属坯料的塑性变形程度加剧，损伤值变大，分布的均匀性也变差。就总体来看，当扩径比小于 2 时，变形区的损伤值较小；当扩径比大于 2 时，出现了损伤值较大的区域且分布的均匀性较低。一般来说，损伤值较大的区域，就有可能是管材裂纹萌生的区域如图 7.12（d）、图 7.12（e）所示。

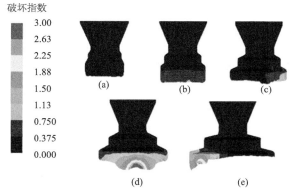

图 7.12　TESE 不同扩径比下的变形区的损伤值分布
（a）1.3；（b）1.6；（c）2；（d）2.5；（e）3

7.5　剪切角对 TESE 工艺的影响

这里提到的剪切角是坯料流经扩径剪切区的剪切角即为图 6.1 中的 α 角，剪切角的大小直接影响了成形的质量。这里选取了当扩径比为 1.6 时，剪切角为 130°、140°、150°的成形过程进行了应变场的分析，探究剪切角对成形工艺性的影响。图 7.13 为金属坯料在不同剪切角下的应变场分布。因为整个管坯的应变主要在变形区以及金属管坯的上部，所以这里主要讨论变形区的应变场分布。当剪切角为 150°时，变形区的等效应变值较小，且应变场的分布十分均匀；剪切角为 140°时，等效应变量增加，分布的均匀性降低且变形区中剪切角位置的等效应变量明显比其他位置的应变量大；当剪切角为 130°时，等效应变量最大且分布不均匀，剪切角位置的应变量与其他部位明显不同。剪切角的减小使得变形难度增加，变形区的整体应变量就增大，整个变形区的等效应变值集中分布在剪切角的位置。另外，角度的减小使得变形区应变场分布的均匀性降低。

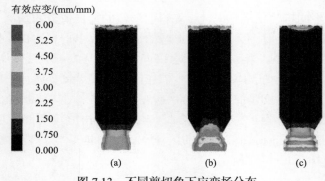

图 7.13　不同剪切角下应变场分布

（a）150°；（b）140°；（c）130°

7.6　摩擦系数对 TESE 工艺的影响

　　金属坯料在成形模具的型腔里与金属模具直接接触，因此在坯料成形时会与模具产生相对的移动，摩擦力就会相应产生。本文设置了三个摩擦因数进行有限元模拟。摩擦对成形的主要影响体现在载荷的分布上，过大的摩擦力会导致载荷增大，进而影响模具的使用寿命。一般通过加入润滑剂的方式对金属坯料以及成形模具进行润滑，但是过多润滑剂的加入会在一定程度上影响加工的精度。图 7.14 为剪切角为 150°、速度为 5mm/s、温度为 410℃不同摩擦因数下的载荷-行程图。随着摩擦因数的减小即坯料与模具之间相对摩擦力的减小，载荷随之减小。在稳定挤压阶段，摩擦因数为 0.1 时即设置最小摩擦时，载荷值在 $3×10^4$N 左右，

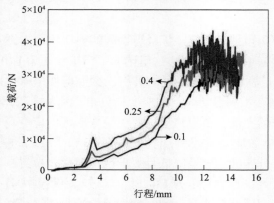

图 7.14　不同摩擦下载荷-行程图

0.1、0.25、0.4 均为摩擦因数

摩擦因数为 0.4 时，载荷值在 $4×10^4$N 左右。在实际加工中既要考虑延长模具的使用寿命，又要考虑过度减小摩擦（润滑剂的加入）会导致加工精度降低。

7.7　小　　结

本章主要是对有限元模拟结果进行了分析与探讨。通过载荷-行程、应变场的分布、应力场的分布、温度场的分布、速度场分布以及部分位置的点追踪来探究 TESE 的成形过程以及不同工艺参数对成形工艺性的影响规律，得出以下结论：

（1）TESE 成形过程中随着行程的增加载荷值不断增大，最后进入稳定挤压阶段，载荷值趋于一个定值。TESE 成形过程中的温度场、应变场的最大值都分布在变形区以及金属坯料与挤压杆直接接触的上部。

（2）TESE 工艺的最大扩径比能够达到 3，但当扩径比为 2.5 时出现了流动不均匀的现象以及损伤值分布均匀性变差，管材的部分区域可能会有大量裂纹的萌生。

（3）成形温度的升高会导致相同行程下所需的载荷降低；一定范围内的温升会使得金属坯料同一位置（这里主要指变形区与管材成形区）的等效应力减小以及应力分布的均匀性提高；同时温升也会导致变形区的金属流速加快，流速的不均匀性降低。

（4）增大成形速度会使得成形载荷的增加，从而影响成形模具的使用寿命。同时，速度的提升会对金属管坯温度场的分布产生极大的影响。增大成形速度会使得相同行程下，变形区以及管材成形区的温度升高，温度场分布的均匀性降低，在较低速度下成形，这两个区域的温度变化极小。

（5）剪切角的减小会使得管材应变量的增大，同时随着剪切角的减小，应变的均匀性也会随之降低，剪切角处是整个变形区应变最大的位置。

（6）摩擦因数的降低即金属坯料与模具之间的摩擦力的减小会在一定程度上降低成形所需载荷，但是过分润滑会影响加工精度。

第8章 挤压-剪切-扩径成形镁合金薄壁管的显微结构与力学性能

8.1 不同工艺下成形管材的微观组织及力学性能分析

8.1.1 显微组织

为了更好地探究扩径剪切变形的引入对管材微观组织的影响，对成形的管材进行了微观组织的观测，截取本工艺成形管材以及普通挤压成形管材的横截面进行显微组织的分析。用水砂纸先粗磨后精磨制备样品后，经侵蚀剂腐蚀后采用金相显微镜观察的两种工艺显微组织如图 8.1 所示。图 8.1（a）为原始坯料即开始挤压前的微观组织，热成形前的加热处理导致晶粒粗大，晶粒的大小都在 100μm以上。从图 8.1 中的（b）、（c）图可以看出随着塑性变形的进行，不管是普通挤压还是 TESE 成形，晶粒都得到了明显细化。变形使得原始晶粒破碎，形成新晶粒。图 8.1（b）图为普通挤压成形管材的横截面显微组织，在经历一系列的热挤压后，晶粒明显细化，但是管材组织分布的均匀性比较低，从图中可以明显看出部分晶粒依然具有较大的尺寸。这些大尺寸晶粒一部分可能是枝晶破碎后，较大的晶粒吞并较小晶粒形成，另外可能就是部分晶粒在发生动态再结晶形成等轴晶粒后，由于此时温度依然在再结晶温度以上，因此部分晶粒长大。图 8.1（c）为与普通挤压在完全相同工艺条件下的 TESE 工艺所成形管材的横截面微观组织，

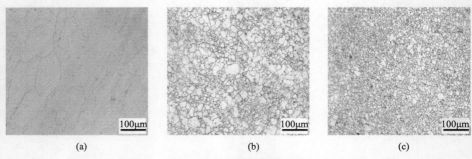

图 8.1 不同工艺下成形管材横截面显微组织

（a）未挤压前（保温状态）；（b）普通挤压成形；（c）TESE 成形

从图中可以看出 TESE 工艺对晶粒的细化效果明显优于普通挤压成形。当然图 8.1（c）中的晶粒度分布依然不是特别均匀，但是分布的均匀性明显优于普通挤压成形管材。TESE 工艺较大的变形量使得管材发生动态再结晶时单位体积内具有更多的再结晶核心数目。相比于普通挤压，动态再结晶的程度变大，成形后管材的等轴晶数目更多，晶粒更加细小且分布更加均匀。

8.1.2   拉伸性能

拉伸性能是衡量金属材料力学性能的一个重要的指标，本文利用对两种不同的成形工艺（普通挤压成形和 TESE 成形）在相同工艺条件下所制备的管材进行了拉伸性能的测试。图 8.2 为两种工艺其中一个试样的拉伸应力-应变曲线图，表 8.1 为两种工艺所测试的三个试样拉伸性能参数的均值。对比于普通挤压成形，TESE 工艺的引入能够明显提升成形管材的力学性能。普通成形管材的抗拉强度在 230MPa 左右，而 TESE 成形管材的抗拉强度在 290MPa 左右。就屈服强度而言，根据霍尔-佩奇公式，材料的屈服极限与晶粒度 d 呈反比关系。晶粒较小，导致相同面积下晶界更多，当金属受力发生变形时，位错在晶界处塞积，阻碍其运动，导致强度上升。TESE 成形管材拥有更加细小以及分布更加均匀的微观组织。动态再结晶更加完全的 TESE 工艺所形成的等轴新晶粒达到了细晶强化的效果。在另外一方面，TESE 也具有较高的塑性。TESE 管材 15%的延伸率优于普通挤压成形管材的延伸率。主要原因在于晶粒细化，金属变形时，对比大尺寸晶粒，在相同受力的情况下，由于晶粒较小，因此相同区域内晶粒的数目增多，每个晶粒内部受力变小即同样多的力可以分散在更多的晶粒中进行，应力集中变小，塑性较高。

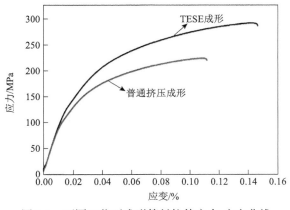

图 8.2   不同工艺下成形管材拉伸应力-应变曲线

表 8.1 不同工艺下成形管材拉伸性能参数

试样	YS/MPa	UTS/MPa	EL/%
正挤压	110.8	226.4	11.1
挤压-剪切-扩径成形	140.3	292.8	14.9

8.1.3 拉伸断口特征

　　为了更加完整的分析普通挤压成形与 TESE 成形在成形管材力学性能上的差异性，对两种工艺在相同工艺参数下成形管材的拉伸断口进行了观测。根据断口的形貌来判定其断裂的方式，图 8.3（a）、（b）为普通挤压成形管材的断口形貌，图 8.3（a）为低倍形貌，断口较为平坦。高倍形貌图如图 8.3（b）所示，微观断口形貌呈现出类似于河流状、台阶状的花样，是比较典型的解理断裂的特征。解理断裂一般常见于密排六方结构的金属材料中，它是一种在拉应力的作用下沿着一定的晶面劈开的断裂形式，解理面一般来说是低指数晶面。因此对镇合金来说，（0001）面一般为断裂的解理面，这种断裂前也有塑性变形的发生。图 8.3（b）也有少量的韧窝存在，因此普通挤压成形管材为准解理断裂。图 8.3（c）、图 8.3（d）为 TESE 工艺成形管材的断口形貌，从低倍形貌为明显的刃状断口，断口不

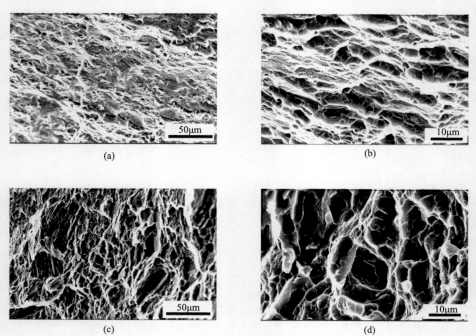

图 8.3 不同工艺下成形管材拉伸拉伸断口形貌

（a）普通，500 倍；（b）普通，2000 倍；（c）TESE，500 倍；（d）TESE，2000 倍

平坦, 呈锯齿状的起伏特征。图 8.3 (d) 为高倍数的 TESE 拉伸断口形貌, 较多的等轴韧窝, 是试样在拉应力的作用下沿着一定的滑移面运动的结果。因此, TESE 成形管材为伸长率断裂。从断口形貌上看, TESE 工艺成形管材的塑性优于普通挤压成形管材。

8.1.4 显微硬度

图 8.4 为两种工艺在相同工艺参数条件下成形管材的横截面硬度值分布, 普通挤压成形管材的硬度值在 61 左右, TESE 成形管材的硬度值在 75。TESE 工艺成形管材的硬度值要明显高于普通挤压成形管材的硬度值。较大的应变量导致成形过程中产生了更多的晶格畸变。TESE 工艺的引入能够明显提高镁合金管材表面局部抵抗变形的能力。

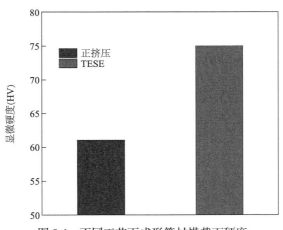

图 8.4 不同工艺下成形管材横截面硬度

8.1.5 宏观织构

在金属塑性加工的过程中, 织构的形成对成形制品的性能有极大的影响。对挤压成形的镁合金管材来说, 由于镁合金坯料受力发生塑性变形, 基面滑移是其主要的滑移方式, 坯料内部晶粒的 (0001) 面在压应力的作用下将趋向于应力主轴的方向即 ED 方向。如图 8.5 所示为普通挤压以及 TESE 工艺在同一工艺参数下成形的镁合金管材的宏观织构分布图, 因为两种工艺的主要变形方式依然是挤压成形, 所以依然存在比较强烈的基面织构即大部分晶粒的 (0002) 面平行于挤压方向。图 8.5 (a) 为普通挤压成形管材的 (0002) 基面织构分布, 图中大多数晶粒的基面均与挤压方向 ED 平行, 是典型的镁合金基面织构特征。图 8.5 (b) 为 TESE 成形管材的 (0002) 基面织构分布图, 图中部分晶粒的基面依然平行于 ED

方向，但是对比于图 8.5（a），晶粒的取向发生了明显的偏转，最大极密度值也从 40.3 降到了 13.6，织构的强度减弱。剪切角的加入使得镁合金坯料在成形时，受到剪切力的作用，整体受力发生倾转，大部分晶粒由于剪切力的存在，在滑移时并不是完全趋向于压应力的方向。最后，成形管材的择优取向发生变化，织构强度变低。

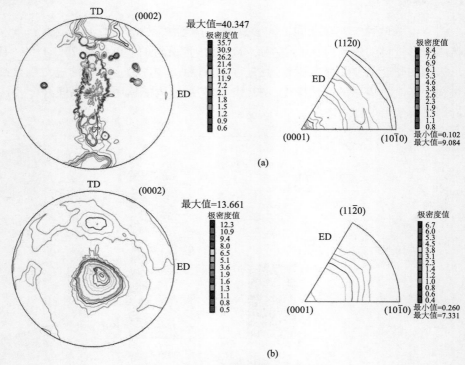

图 8.5 不同工艺下成形管材宏观织构
（a）普通挤压；（b）TESE

8.1.6 再结晶分布情况

金属的热加工是在金属的再结晶温度以上进行加工、变形的过程。热挤压过程中的再结晶现象一般指的是在热变形过程中与形变硬化同时发生的动态再结晶过程，以及在加工完成后，由于成形管材温度未能及时降低，短时间内依然处于再结晶温度以上而发生的再结晶过程。再结晶过程能够有效地消除加工过程产生的内应力，而且热加工过程中的反复动态再结晶，会使得晶粒更加细小，分布的均匀化程度提高。图 8.6 为两种不同工艺在 410℃时成形管材的再结晶分布情况，图 8.6（a）中再结晶与亚结构区域占据主导地位，处于变形的区域很少。相比较而言，处于亚结构的区域更多，普通挤压成形的再结晶程度不高，依然有大量的晶粒处于类似于回复状态。图 8.6（b）为 TESE 工艺成形管材的再结晶分布图，TESE 工艺成形管材的再结晶区域明显占据优势地位，再结晶区域的比例占到了百分之九十以上。扩径剪切段的引入使得变形程度增大，这样晶粒的变形储能就增大，再结晶核心数目就增多，再结晶程度变大。当然，再结晶的形核率受多方面的影响，包括温度、材料纯度等。

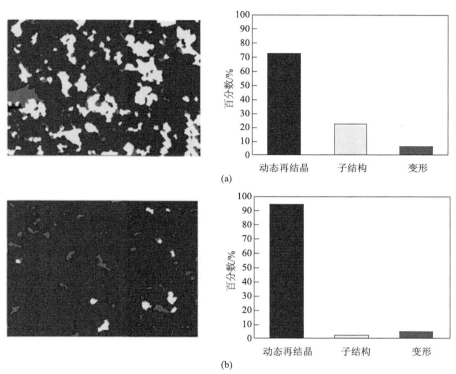

图 8.6　不同工艺下成形管材再结晶分布情况
（a）普通挤压 ；（b）TESE

8.1.7　Schmid 因子分布

镁合金的塑性变形主要是由滑移来完成即在切应力的作用下，晶体的一部分相对于另一部分沿着特定的晶面（滑移面）和特定的晶向（滑移方向）发生平移。那么决定晶体滑移开动程度的就是作用在滑移面和滑移方向的分切应力。分切应力为

$$\tau = \sigma \mu$$

式中，σ 为拉伸应力；μ 为取向因子（Schmid 因子）。

　　当作用在滑移面上的分切应力到达临界分切应力时，晶体开始滑移。对同种材料来说，临界分切应力是相同的。因此，在金属材料塑性变形时，最先开始滑移的一定是那些取向因子大的晶粒，因此我们常将那些取向因子较大的位向称为软位向，取向因子较小的位向称为硬位向。图 8.7 为普通挤压成形以及 TESE 工艺成形管材沿着 ED 方向拉伸时的（0001）$\langle 11\bar{2}0 \rangle$ 基面滑移系取向因子分布图，普通挤压成形管材的 SF 值较低，且大多数晶粒的 SF < 0.2，位于硬位向晶粒较多，基面滑移启动较为困难。TESE 工艺的 SF 均值高于普通挤压，而且有更多的晶粒位于软位向。受力时，基面滑移更加易于启动，具有更好的塑性。

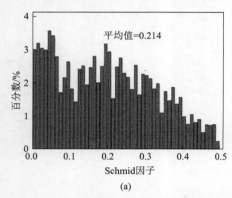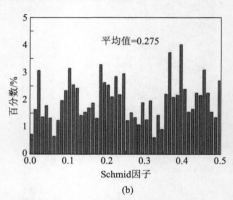

图 8.7　不同工艺下成形管材基面滑移系 Schmid 因子分布情况

（a）普通挤压；（b）TESE

8.1.8　微区晶粒取向

　　为了更加清晰和直观地了解两种不同工艺所成形管材晶粒的择优取向分布情况，对普通挤压以及 TESE 成形管材进行了微区取向分布测试。与宏观织构不同的是，增加了柱面即（$10\bar{1}0$）面的极图。从图 8.8 中可以看出 TESE 工艺成形管材的基面以及柱面的取向分布与普通挤压成形管材的取向分布有着明显的差异性。从基面即（0001）的取向分布来看，普通挤压成形管材的晶粒的基面基本与挤压方向保持平行，极点位置基本保持在 ED 方向上。极密度的最大值为 17.3，基面取向较为集中。TESE 工艺成形管材的极图相比于普通成形管材的极图更加的弥散，大部分晶粒的（0001）基面已经发生了明显的偏转，但是依然有沿着挤压方向较强的基面织构，而且形成了沿着 TD 方向的基面织构。相对于普通成形的管材而言织构的强度有较大幅度的减弱。对两种工艺晶粒的柱面（$10\bar{1}0$）而言，TESE 管材的柱面极图分布的弥散程度远大于普通挤压管材。剪切段的加入使得应力主轴发生了一系列的偏转，比较有效的弱化了织构。镁合金织构的形成是受多方面影响的，除了变形路径，温度也是影响镁合金织构形成的重要的参数。

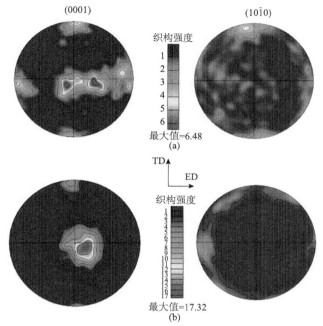

图 8.8　不同工艺下成形管材的微区晶粒取向

（a）TESE；（b）普通挤压

8.2　TESE 工艺成形过程中的微观组织演变分析

8.2.1　显微组织演变

为了探究 TESE 工艺成形过程中的显微组织演变，对 TESE 工艺变形区各个部位进行了显微组织的观测。如图 8.9 所示为金属坯料在变形区各个部位的显微组织图，一共 5 个部位。对其中的 4 个区域进行了显微组织的表征，图 8.9（a）是变形区的上部即普通挤压区，原始的镁合金管坯经过缩径段，对比于图 8.1（a）在挤压应力的作用下，晶粒得到了细化。当坯料流经一次扩径剪切区域时，该区域的晶粒显微组织发生了明显的变化如图 8.9（b）所示，显微组织变得极其不均匀，部分晶粒变得极其细小，部分晶粒变得很大。TESE 工艺是属于在再结晶温度上的热加工，因此形变硬化和动态再结晶是同时发生的。原始晶粒在压应力的作用下发生晶格畸变，原始大晶粒枝晶破碎。在此同时，发生的是再结晶过程即生核与核心长大的过程。在晶粒长大的过程中，会出现部分晶粒反常长大的情况，也就是部分较大的晶粒逐渐吞并在它周围存在的相对较小的晶粒即这些晶粒择优生长，最后较小的晶粒逐渐消失，而这些较大的晶粒就慢慢地长成粗大的晶粒。所以图 8.9（b）中的部分晶粒十分大。

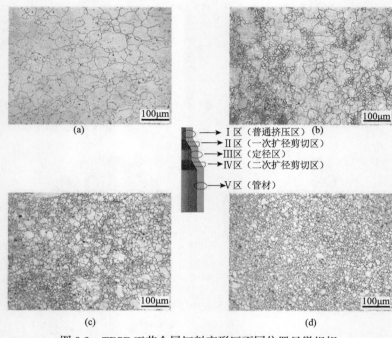

图 8.9　TESE 工艺金属坯料变形区不同位置显微组织
（a）Ⅰ区；（b）Ⅱ区；（c）Ⅳ区；（d）Ⅴ区

　　图 8.9（c）为两次扩径剪切区的显微组织结构，相比于图 8.9（b），晶粒大小分布的均匀化程度提高，图 8.9（b）中所出现的粗大的晶粒大部分消失，两次剪切角的作用以及继续的塑性变形导致不断发生晶格畸变，同时反复的动态再结晶，晶粒得以细化。经过再一次剪切角以及挤压段的作用后，晶粒得到了明显的细化，且分布十分均匀，如图 8.9（d）所示。在整个的变形过程中，挤压与剪切角的存在导致原始晶粒不断地发生晶格畸变，随着变形的进行，畸变能不断提高，再结晶核心数目增多，动态再结晶的程度加剧，在整个的过程中，因为反复的再结晶，形成比较细小且均匀的等轴新晶粒。

8.2.2　硬度分布

　　为了研究变形过程中的部分力学性能的变化情况，对变形区不同部位进行了相应的硬度测试，图 8.10 为 TESE 工艺金属坯料变形区各个部位的横截面的硬度变化图。与显微组织一样，对变形区的四个部位进行了研究。从硬度的整体变化的情况上看，横截面的硬度值呈现出先上升后减小的趋势。普通挤压区的硬度值不到 60，二次扩径剪切区的硬度值最大，在 80 左右，成形管材的硬度值在 75 左右。在整个的变形过程中，前面三个区域的硬度值呈现上升趋势，因为金属发生塑性变形，位错交割、堆积，晶粒在压应力的作用下也发生破碎，不断细化，因此硬度值上升。金属坯料的应变量在二次剪切区到达了峰值，变形应力难以释放，大多数晶粒处于亚结构状态，即类似于回复的过程。动态回复的组织具有比再结晶组织更高的强度、硬度。所以，成形管材的硬度值要略低于二次扩径剪切区的硬度值。

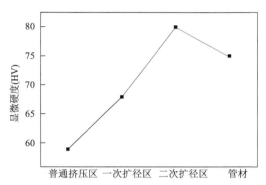

图 8.10   TESE 工艺金属坯料变形区不同位置横截面硬度分布

8.2.3   微区晶粒取向演变

图 8.11 为镁合金管坯在不同位置微区晶粒取向分布，依然是对变形区的四个微区进行分析。图 8.11（a）为普通挤压区的极图及取向分布图，原始坯料在经过缩径段后，在这一区域进行类似于普通挤压的整形，因此在这一区域内的晶粒会受到沿着挤压方向强烈的压应力的作用，从极图中呈现上来看就是大多数晶粒的（0001）晶面与挤压平行，是典型的挤压成形镁合金基面织构的特征。随着成形的继续进行，金属坯料通过一个剪切角过后进入到扩径剪切区。在这个区域内，虽然坯料经过剪切角，受到剪切力的作用，但是向下的压应力依然占据主导地位。所以如图 8.11（b）所示，织构的强度变强了，但是部分晶粒的（0001）面的取向发生了明显的变化，极图的弥散程度变化不大。当镁合金坯料流经二次扩径剪切区即经过三次剪切角以及两段剪切区后，晶粒的取向发生了较大的变化，依然存在着沿 ED 方向的基面织构，但（0001）面沿着 ED 方向发生了偏转晶粒的数量增多，极点也发生了变化。相比一次剪切区来说，织构的强度降低了，整个极图的弥散程度变高了。图 8.11（d）为最终的成形管材，大部分晶粒的（0001）基面已经发生了明显的偏转，但是依然有沿着挤压方向较强的基面织构，而且形成了

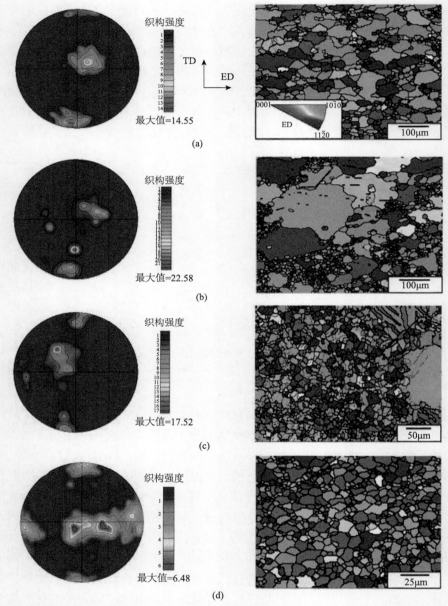

图 8.11　TESE 工艺金属坯料变形区不同位置（0001）基面极图和取向分布图

（a）普通挤压区；（b）一次扩径剪切区 ；（c）二次扩径剪切区；（d）成形管材区

沿着 TD 方向的基面织构。但是相对于图 8.11（c）织构的强度有较大幅度的减弱，极图变得很弥散。一方面，镁合金金属坯料在经过四次剪切角的作用，使得其在成形的过程中，坯料的受力不断发生偏转，不会像普通挤压成形一样，晶粒的取向向应力主轴倾转；另一方面，扩径剪切段的加入使得应变量的增大，影响变形区的动态再结晶程度，也会在一定程度上影响晶粒的取向。总的来说 TESE 工艺使得大多数晶粒的基面沿着 ED 方向的择优取向减弱，取向变得杂乱起来。

8.2.4 再结晶分布

热加工过程的动态再结晶与动态回复对晶粒的取向以及管材的力学性能有着重要的影响，因此对变形区四个部位进行了再结晶分布情况的分析。从整体上看变形区各个位置处于三种程度的晶粒分布大致是相似的即没有哪一个程度的晶粒占据完全主导的地位如图 8.12（a）、图 8.12（b）、图 8.12（c）所示，当成形完成后也就是成形管材中，再结晶的比例占据了完全主导的地位，而处于亚结构以及形变的晶粒只是极少数。在变形的过程中，处于亚结构的晶粒不断上升，在二次剪切区的位置达到了最大值，这也是硬度值在二次剪切区达到最大值的原因。而且这一区域处于变形的晶粒也是四个区域中最多的，处于二次剪切区的晶粒，经过一系列的塑性变形累积了巨大的应变量也为后面成形管材提供了更多的畸变能，从而形成更多的再结晶核心。

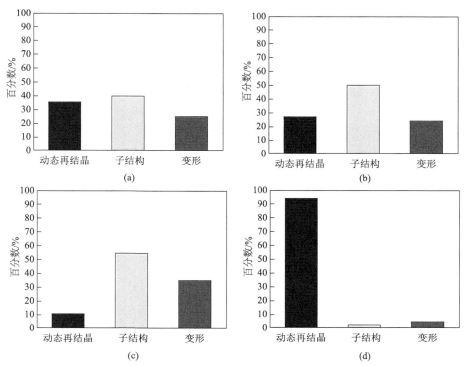

图 8.12 TESE 工艺金属坯料变形区不同位置再结晶分布

（a）普通挤压区；（b）一次扩径剪切区；（c）二次扩径剪切区；（d）成形管材区

8.2.5　Schmid 因子变化

　　为了更加清晰地了解到 TESE 成形过程中的动态软化的情况，对变形区不同位置的取向因子进行了统计。图 8.13 为变形区不同部位沿 ED 方向拉伸时的基面滑移系即（0001）〈11$\bar{2}$0〉滑移系取向因子分布图，从整体上看随着成形的进行，SF 值不断变大，最后的平均 SF 值接近于 0.3，说明随着 TESE 工艺的进行，更多晶粒的取向因子变大，意味着拥有更多的晶粒处于软位向上，更加易于基面滑移系统的开动。从每个具体的区域上来看，普通挤压区以及一次扩径剪切区 SF 大于 0.35 的晶粒很少，SF 值处于 0.2 以下的晶粒很多，尤其是变形区的第一个阶段即普通挤压阶段。随着成形的进行，二次剪切区 SF 值大于 0.35 的晶粒明显增多，变形过程中的动态软化效果明显，成形管材区域 SF 值最大，处于软位向的晶粒最多。经过一系列的再结晶，成形管材得到了较大的动态软化，管材的塑性得以提高。

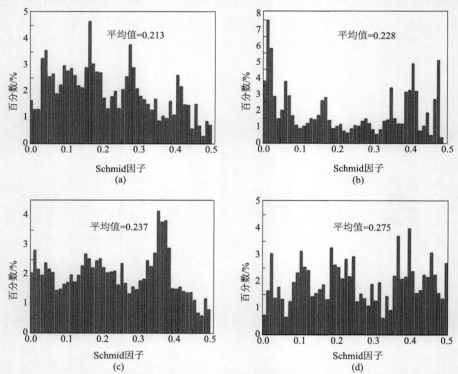

图 8.13　TESE 工艺金属坯料变形区不同位置基面滑移系的 Schmid 因子分布情况
（a）普通挤压区；（b）一次扩径剪切区；（c）二次扩径剪切区；（d）成形管材区

8.2.6　孪晶分布

　　对镁合金而言，滑移才是塑性变形占据主导地位的基本变形方式，孪生对于变形的直接效果较小，但是孪生会导致晶粒的位向发生较大的变化，有可能激发新的滑移系开动，间接地对塑性变形作出贡献。图 8.14 为不同部位的孪晶分布以

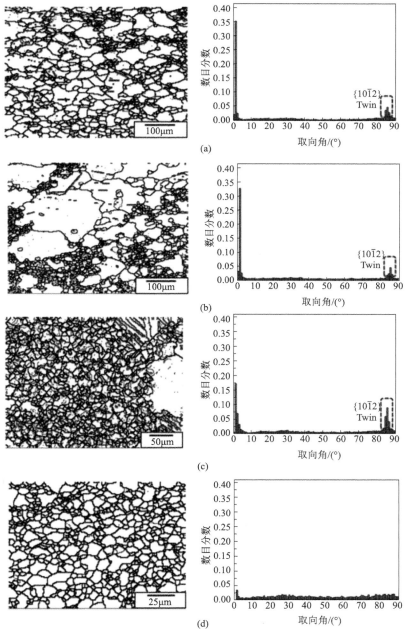

图 8.14　TESE 工艺金属坯料变形区不同位置孪晶以及取向差角分布

（a）普通挤压区；（b）一次扩径剪切区；（c）二次扩径剪切区；（d）成形管材区

及晶粒取向差角的分布情况，变形区的各个部位都出现了孪晶，从取向差角分布图中可以看到在 86.3°时存在着明显的峰即存在{10$\bar{1}$2}拉伸孪晶，拉伸孪生是最容易启动的孪生变形，它能够协调变形。在二次剪切区的孪晶最多，因此取向差角相比于前面两个区域在 86.3°左右的峰值最大。说明在二次剪切区孪生协调滑移的变形最明显，对塑性变形的贡献最大。图 8.14（d）中基本没有出现孪晶，而且与之对应的取向差角在 86.3°时的峰值消失，管材的形变孪晶消失。一方面是由于从二次剪切区到管材成形区发生了程度极深的动态再结晶过程，从图 8.12 可以看出；另一方面是在成形完成后，成形管材在模具没有马上取出，而此时的模具依然具有一定的温度，静态再结晶继续发生。因为孪晶是异质形核的核心，所以新晶粒的生成导致形变孪晶的消失。

8.3　小　　结

本章对同一工艺参数下的 TESE 成形管材以及普通挤压成形管材的力学性能以及显微结构进行了对比测试，还对 TESE 成形过程中的微观组织演化做了相应的探讨，结论如下：

（1）相比于普通成形的管材，TESE 工艺成形的管材的微观组织要更加细小且分布更加均匀。

（2）在力学性能（硬度、强度、延伸率）方面 TESE 管材也是要优于普通挤压成形管材，TESE 成形管材的抗拉强度在 290MPa 左右，而普通成形管材的抗拉强度只有 230MPa。

（3）扩径剪切段的加入，能有效地弱化管材的基面织构，促进动态再结晶的程度，能使更多的晶粒处于软位向。

（4）在 TESE 成形的过程中，形变硬化与动态再结晶同时发生，晶粒经过不断破碎、反复再结晶后形成均匀细小的等轴晶粒。二次剪切区大量处于亚结构晶粒的存在导致硬度值最高，经过一系列的再结晶后，成形管材经过动态软化，硬度值下降。

（5）在 TESE 成形过程中出现了{10$\bar{1}$2}拉伸孪晶，孪生协调滑移变形，成形管材中，孪晶消失主要是从二次剪切区到管材区，深程度的再结晶以及管材在模具中短时间的保温类似于退火，导致晶粒重塑，孪晶消失。

第 9 章　工艺参数对挤压-剪切-扩径成形的影响

9.1　剪切角对 TESE 工艺成形性的影响

9.1.1　不同剪切角下成形管材的微观组织

　　为了更好探究重要工艺参数对 TESE 工艺成形镁合金薄壁管材的影响规律。对在其他工艺参数相同、剪切角不同的 TESE 工艺下成形的管材进行了微观组织观察。图 9.1 为不同剪切角下成形管材的显微组织。从整体上来看，TESE 成形管材的显微组织分布较为均匀，但是依然存在着较为粗大的晶粒，应该是成形完成后，模具温度未能及时降低，晶粒发生静态再结晶，部分晶粒择优生长造成的。不同剪切角下成形管材的微观组织有一定的差异性，图 9.1（a）是剪切角为 150°成形时的显微组织，从图中可以看出晶粒尺寸明显大于在其他两个剪切角下成形的晶粒尺寸。而在 130°成形的管材的晶粒尺寸极小，如图 9.1（c）所示。剪切角的减小就意味着在坯料在流过扩径剪切段的难度加大，需要更大的应力对其进行

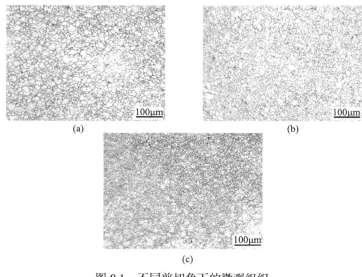

图 9.1　不同剪切角下的微观组织

（a）150°；（b）140°；（c）130°

塑性变形，镁合金坯料流过扩径剪切区的应变量就增大。一方面，变形程度的加剧使得原始晶粒的破碎程度加剧；另一方面，变形程度的加剧使得更多畸变能的累计，再结晶的核心数增多，更多细小等轴晶粒将会生成。虽然 130°成形时，整体的晶粒较为细小，但是，其分布的均匀性较差。它有一部分相对于整体而言，较为粗大的晶粒。而在剪切角为 140°成形管材的显微组织分布的均匀性最高。

9.1.2　不同剪切角下的拉伸性能

对在其他工艺参数相同的不同剪切角下成形的管材进行了拉伸实验，探究剪切角对成形管材拉伸力学性能的影响。表 9.1 为不同剪切角下所测定管材的拉伸性能，当剪切角 α 为 130°即成形时镁合金坯料的流动最困难时，成形管材的强度指标是最大的。而当角度扩大 20°即 α 为 150°时，抗拉强度以及屈服强度最低。角度的减小就意味着金属坯料向下流动的阻力增大，在成形相同尺寸的镁合金管材，镁合金的应变量也会随之变化。角度越小，应变量就越大，更多应变量的累计使得变形密度增加，变形储能升高。那么在单位体积内畸变能也就随之提高，再结晶的形核数目也会增加。再结晶的程度加深，反复的再结晶使得晶粒较为细小如图 9.1 所示。当成形管材受拉伸应力的作用时，发生塑性变形，位错在晶界处塞积，晶粒越小，单位面积内晶粒的数目就越多，晶界的面积就越大。滑移的阻力就越大，单位体积内需要更大的拉伸应力促使其发生形变。那么，成形管材的强度就升高了。剪切角 α 为 140°时，成形管材表现出更好的延展性，晶粒分布的均匀性以及晶粒度都是影响延伸率的重要因素。

表 9.1　不同剪切角下管材的拉伸性能

剪切角/(°)	YS/MPa	UTS/MPa	EL/%
130	150.6	300.5	14.8
140	141.3	288.6	15.2
150	130.4	272.6	13.6

9.1.3　不同剪切角下的硬度分布

对不同剪切角下成形管材的横截面硬度值做了相应的测试，图 9.2 为不同剪切角下成形管材的横截面硬度分布。一般来说，管材边部与心部的硬度值是存在一定差异性的，但因为管材的厚度只有 2mm，所以在此就忽略了边部与心部硬度值的差异，硬度所测试的点位均匀地分布在管材的横截面上。从整体上看，不同剪切角下成形管材的硬度差异性较小，都在 75～80 之间。剪切角 α 较小时，硬度值还是处于相对较高的状态，剪切角 α 较大时，硬度值较小。剪切角较小所成形管材的晶粒度较小，在受到同一压应力作用下，单位面积内就会有更多的晶粒来分担这个压应力，所以在忽略测试误差的情况下，剪切角 α 为 130°时，成形管材拥有更好的抵抗外力压入变形的能力。

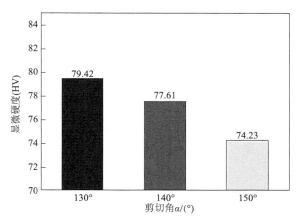

图 9.2　不同剪切角下的横截面硬度分布

9.1.4　不同剪切角下的拉伸断口

为了更加全面的了解不同剪切角下成形管材的力学性能，对在工艺温度为410℃的三个剪切角下所成形的镁合金薄壁管材进行了拉伸断口的测试。图 9.3 就为不同剪切角下成形管材的拉伸断口图，图 9.3（a）、图 9.3（c）、图 9.3（e）分别为扫描电镜下剪切角为 150°、140°以及 130°的低倍数宏观断口特征，图 9.3（b）、图 9.3（d）、图 9.3（f）呈现的是剪切角为 150°、140°以及 130°的微观断口形貌。从整体上看不同剪切角下成形管材的断口特征形貌基本相似，呈现的都是韧性断裂的基本特征。在宏观断口形貌上，剪切角为 130°和 150°的断口形貌比较相似，断口起伏较大，韧窝分布不均匀。而剪切角为 140°，断口起伏较小，且韧窝分布较为均匀。从微观断口形貌上看，剪切角为 150°的断口，韧窝十分浅，断口部分区域呈现台阶状的花样。剪切角为 140°以及 130°时，韧窝的形态较为完

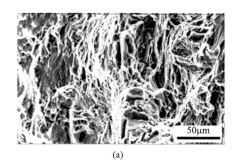

(a)

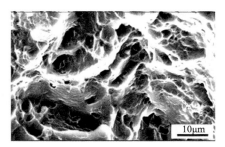

(b)

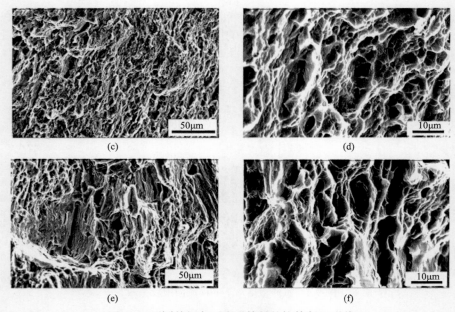

图 9.3　不同剪切角下成形管材的拉伸断口形貌

整。图 9.3（d）即 140°的韧窝比较均匀，图 9.3（c）即 140°的韧窝较深。相对来说，剪切角为 130°和 140°拥有更好的延展性。

9.1.5　不同剪切角下的极图分析

图 9.4 为不同剪切角下，成形管材的基面以及柱面极图。镁合金基面滑移系是其最容易启动的方式。在镁合金的塑性加工过程中，基面织构基本一般都是会存在的。如图 9.4 所示，在三个不同剪切角下成形的管材，都存在着基面织构，但是分布不同。剪切角为 150°成形时，织构整体虽然不是完全平行于 ED 方向，但是从整体上看大部分晶粒的（0001）面依然平行于 ED 方向，而且晶粒取向较为聚集。呈现的是挤压加工中常见晶粒的（0001）面平行于 ED 方向的基面织构特征。因为剪切角较大，所以塑性变形时，坯料受到的剪切力相对来说也较小，大多数晶粒的滑移方向依然会朝着应力主轴的方向即 ED 方向发生偏转。当剪切角变小时，坯料下行的难度增加，剪切力变大，基面织构发生偏转。图 9.4（b）中大多数晶粒的基面都沿着挤压方向有着比较明显的偏转。剪切角为 130°时，（0001）基面极图的弥散程度最高。虽然极密度的最大值大于剪切角为 140°所成形管材，但是从整体看大多数晶粒基面的取向更加杂乱。另外一方面，从整体上看，剪切角为 140°和 130°成形管材的柱面极图都比较弥散，相比基面来说没有比较明显的织构存在，但是剪切角为 150°时，晶粒的柱面取向较为聚集，其中有部

分晶粒的（$10\bar{1}0$）面沿着 ED 方向分布。

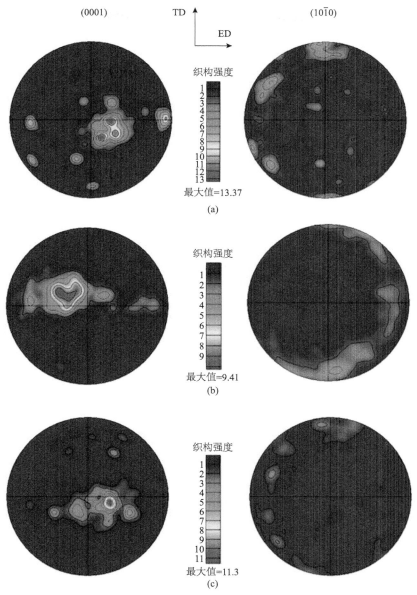

图 9.4　不同剪切角下的极图

（a）150°；（b）140°；（c）130°

9.1.6　不同剪切角下的 Schmid 因子变化

剪切角对管材力学性能的影响也可以从晶粒取向因子的角度上对在不同剪切

角下成形管材进行塑性的比较。对在不同剪切角下成形管材的取向因子进行了比较，图 9.5 为不同剪切角下成形管材沿 ED 方向拉伸时的基面滑移系即（0001）〈11$\bar{2}$0〉滑移系取向因子分布图。从统计图中可以看出剪切角较小即应变量较大的 SF 值较大，意味着拥有更多的晶粒处于软位向上，剪切角为 140° 和 130° 时，成形管材的 SF > 0.3，而当剪切角为 150° 时，SF 值为 0.25 左右。140° 时的 SF 值略大于 130° 时的 SF 值。剪切角为 140° 时，成形管材将有更多的晶粒处于软位向，基面滑移系更容易开动。表现出较为优异的塑性。

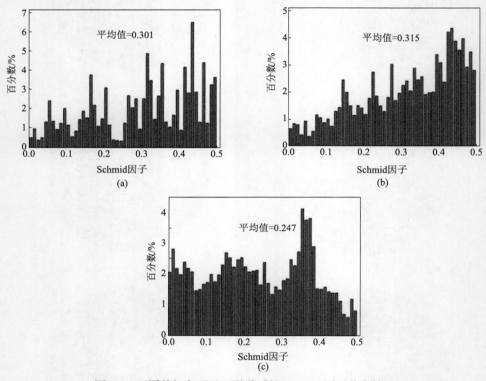

图 9.5　不同剪切角下基面滑移系的 Schmid 因子分布情况

（a）150°；（b）140°；（c）130°

9.2　温度对 TESE 工艺成形性的影响

9.2.1　不同温度下成形管材微区取向演变

温度是一个影响镁合金塑性成形的重要因素，一般的镁合金塑性加工都属于热加工，因为镁合金在室温下滑移系难以启动。温度对镁合金成形性的影响是多方面的。

图 9.6 为其他工艺参数相同，温度不同而成形的镁合金管材的基面极图以及微区的晶粒取向分布。从图中可以看出，温度的变化对于成形管材晶粒的基面取向还是有一定影响的，温度的升高导致基面织构的强度下降，在 440℃成形的管材的最大极密度值只有 6.5 左右,但是出现了垂直于 ED 方向的基面织构。而 380℃下成形的管材从整体上看大部分晶粒的（0001）面依然平行于 ED 方向，而且晶粒取向较为聚集。呈现的依旧是挤压加工中常见晶粒的（0001）面平行于 ED 方向的基面织构特征。温度的升高导致晶粒尺寸的增大。动态再结晶后得到等轴的晶粒组织，晶粒的大小取决于应变速度以及变形温度，提高变形温度，降低应变

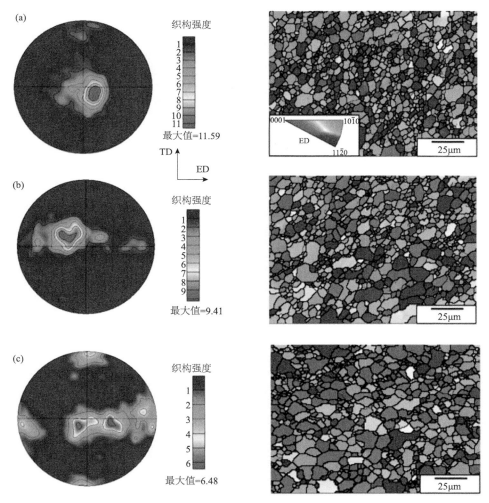

图 9.6　不同温度下成形管材的（0001）极图与取向分布图
（a）380℃ ；（b）410℃ ；（c）440℃

速率，可得到较大的等轴晶。

9.2.2　不同温度下成形管材 Schmid 因子变化

温度对于成形管材的取向因子影响也是较大的。图 9.7 为不同温度下沿 ED 方向拉伸时的基面滑移系即（0001）〈11$\bar{2}$0〉滑移系取向因子分布图。380℃成形时，管材所测试的微区中，SF 值较小，均值在 0.22 左右，从微区的取向因子分布图可以

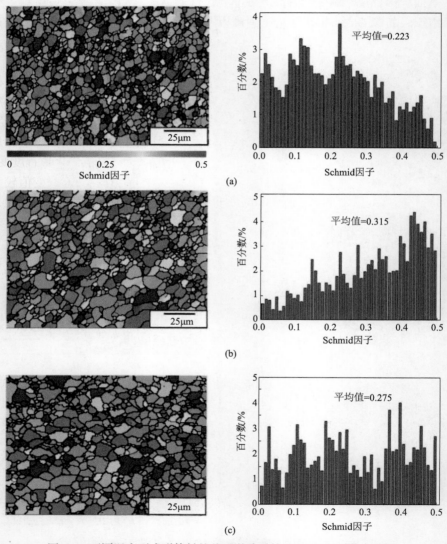

图 9.7　不同温度下成形管材的基面滑移系的 Schmid 因子分布情况

（a）380℃；（b）410℃；（c）440℃

看出部分的晶粒处于完全的硬位向；温度为 410℃时，SF 值是最大的，SF > 0.31，软位向的晶粒占据了主导；当温度升高到 440℃时，SF 为 0.27 左右，相对于 410℃下降了，SF > 0.4 的晶粒减小，SF < 0.3 的晶粒增多。

9.2.3　不同温度下成形管材再结晶分布

图 9.8 为不同温度下，成形管材的再结晶分布情况。从整体上看，在这三个

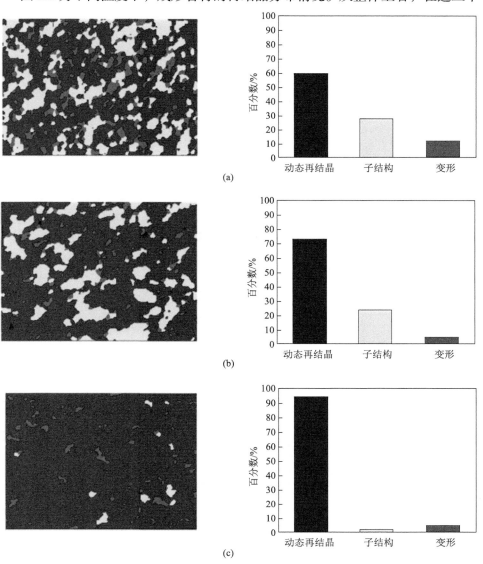

图 9.8　不同温度下成形管材的再结晶分布

（a）380℃；（b）410℃；（c）440℃

温度下所成形管材的再结晶比例都比较高，都在 60%以上；处于变形晶粒的占比比较小都在 15%以下。经过一系列的热加工变形后，大部分晶粒都发生了再结晶行为。还有部分晶粒处于亚结构状态。另一方面，具体地从三个温度的再结晶分布情况上看。当成形温度为 380℃时，晶粒的再结晶比例的组织占 60%左右，亚结构还占据相当一部分比例；当温度上升到 410℃时，再结晶的比例提高到了整体的 70%以上，相应的亚结构组织所占的比例下降；温度升高到 440℃时，整个管材的再结晶组织占 90%以上，而处于变形和亚结构状态的只有很少的部分。温度的升高导致形核率增大主要在于温升使得位错发生攀移的难度降低，亚晶就更容易转动、聚合从而发展成再结晶的核心。当然这是在忽略了将成形管材从模具中取出的时间误差上所得到的数据，在管材成形完成后，模具依然保持着较高的温度，此时并不能将成形管材马上取出，成形完成后，所成形的管材在模具中相当于进行了一个较短时间的退火处理，此时，部分晶粒会继续发生再结晶行为。这个时间误差是比较小的，可以忽略。

9.2.4　不同温度下成形管材硬度分布

为了探究温度对 TESE 工艺所成形管材的力学性能的影响，对在不同温度下成形的管材进行了硬度测试。图 9.9 为不同温度下成形管材的横截面硬度分布统计图。从整体上看，管材的硬度值在 74～80，温度对硬度值的影响并不是特别大。380℃所成形管材的硬度是三者中最大的，接近 80；440℃所成形的管材的硬度值最低，在 75 左右。一定范围内的温升会导致管材的硬度值降低。

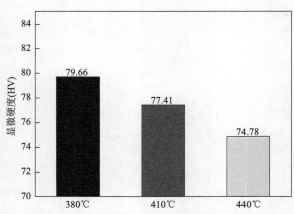

图 9.9　不同温度下成形管材的横截面硬度分布

9.3　小　　结

本章主要对不同工艺参数下模具（剪切角 α 和温度）TESE 成形管材的显微组织、管材的微区取向、Schmid 因子分布情况、力学性能、断口特征等进行了分析，主要探究温度、剪切角度对 TESE 工艺成形性的影响，结论如下：

（1）模具剪切角 α 的减小（应变量的增大），成形管材的晶粒尺寸变小，同时均匀性也会变差。当剪切角 α 为 130°时，管材的强度、硬度值最高。140°剪切角下所成形的管材塑性最好，同时在断口形貌上，剪切角为 140°，断口起伏较小，且韧窝分布较为均匀。

（2）不同剪切角下所成形的管材依然有比较强烈的基面织构存在，特别是在剪切角为 150°时，大部分晶粒的（0001）面依然平行于 ED 方向，但是随着剪切角的减小，基面织构发生偏转，极图的弥散程度加强；角度也会引起 Schmid 因子的变化，剪切角 α 为 140°和 130°时，沿 ED 方向拉伸时的 SF 值都在 0.3 以上，有更多的晶粒处于软位向上，而剪切角为 150°时基面滑移系的 SF 值只有 0.25，有很大部分的晶粒，基面滑移系的启动较为困难。

（3）温度对成形管材的显微组织有着明显的影响，温度的升高导致晶粒尺寸的增大；在一定的温度区间内，温度对成形管材的硬度值影响较小，但是，温升还是会在一定程度上削弱成形管材抵抗外力压入变形的能力。

（4）温度的升高导致基面织构的强度减弱，在一定范围内的温升也会促进管材再结晶的程度，440℃成形时，管材的再结晶比例达到了 90%以上，只有极少部分的晶粒处于亚结构和变形状态。410℃成形时，基面滑移系的 SF 值最高。

第10章　镁合金管材挤压-剪切-弯曲成形实验

作者所在团队早在 2008 年就已经提出镁合金挤压剪切（extrusionshear，ES）技术，获得多项国家发明专利授权，围绕该技术展开的研究取得了丰硕的论文成果，并获得多项省部级奖项。结合团队在镁合金挤压-剪切方面取得的科研成果，以调控镁合金管材组织和织构为目标，提出 AZ31 镁合金薄壁管材挤压成形的新工艺即管材挤压-剪切-弯曲（tube extrusion shearing and bending，TESB）工艺和连续变通道挤压-剪切（continous variable cross-section extrusion and shear，CVCES）工艺，如图 10.1 和图 10.2 所示。

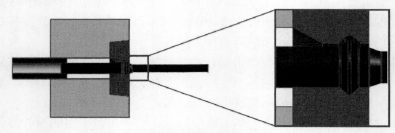

图 10.1　AZ31 镁合金薄壁管材挤压-连续剪切弯曲成形工艺示意图

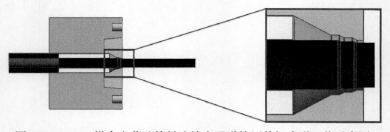

图 10.2　AZ31 镁合金薄壁管材连续变通道挤压剪切成形工艺示意图

镁合金在航空航天、交通运输等领域具有广阔的应用前景，但由于密排六方的晶体结构，其成形性能较差，极大限制了镁合金的大规模应用。各国专家学者不尝试通过大塑性变形的方法来提高镁合金制品的强韧性。

传统的等通道挤压工艺生产效率较低，试样尺寸也受到限制，其他大塑性变形工艺同样受到试样尺寸的限制，难以实现实际工业应用。提出的两种镁合金薄壁管材挤压工艺是基于课题组前期对镁合金挤压剪切技术深入系统地研究，以及国内外已有的研究，特别是管状等通道挤压（tubular channel angular pressing，TCAP）技术。

管材挤压-剪切-弯曲工艺和连续变通道挤压-剪切工艺均采用"正挤压成形+连续多次剪切+整形"为成形路径，该成形路径能够加工出均匀超细晶的镁合金薄壁管材，有望实现商业化；传统正挤压制备管材与管材连续剪切同时进行，生产效率较高，同时可使镁合金管坯获得较大的应变量而不发生破裂；促使成形管材组织细化，织构得到改善，提高成形管材的表面质量，达到形性协同调控的目的。

通过研究模具结构与成形管材的组织和织构之间的关联，为实现镁合金制品组织和织构的微观定制奠定基础。通过对 TESB 管材成形工艺和 CVCES 管材成形工艺参数的优化，揭示两种管材成形工艺的最佳适用范围，为高性能镁合金薄壁管材的加工提供工艺指导；形成具有国际先进水平的镁合金管材大塑性变形技术体系，促进镁合金材料的规模化应用。

对 AZ31 镁合金薄壁管材挤压-剪切-弯曲（TESB）工艺和连续变通道挤压剪切（CVCES）工艺进行深入的研究，主要研究内容如下：对 AZ31 镁合金进行热压缩试验，为有限元仿真提供材料模型，将模具设计结果和数值模拟结果相结合，设计并加工出上述两种管材挤压工艺所需的模具；基于 DEFORM-3D 软件，分别对上述两种工艺的挤压过程进行数值模拟，分析 AZ31 镁合金管坯在成形过程中的等效应力、等效应变分布情况，研究变形温度、变形速度、摩擦条件等因素对管材成形效果的影响；采用上述两种工艺对应的模具对铸态 AZ31 镁合金管坯进行挤压试验，加工出管材制品；分别对两种管材挤压工艺各变形阶段的管坯晶粒形貌及力学性能进行测试，进行织构表征，阐明变形机理。

10.1　数　值　模　拟

10.1.1　实验目的

在 TESB 管材挤压工艺和 CVCES 管材挤压工艺中，镁合金管坯的热变形过程比较复杂，很多局部参数如流变应力、应变、温度场、速度场、应变速率等，都无法通过直接测量得到。基于 DEFORM-3D 软件对管材挤压过程进行数值模拟刚好可以解决这一系列的问题，这对模具参数以及工艺参数的优化具有重要的参考意义。

10.1.2　材料模型

进行有限元模拟之前，需要建立材料的物理模型和几何模型。

物理模型包括 AZ31 镁合金的本构方程、变形温度、摩擦条件等。本书定义模具与模具以及坯料与模具之间的摩擦规律采用剪切摩擦模型。

$$f=m_f K \hspace{6cm} (10.1)$$

式中，f 为摩擦力；m_f 为摩擦因子；k 为材料的剪切屈服应力。

本构方程是对 TESB 管材挤压工艺和 CVCES 管材挤压工艺进行有限元模拟的前提条件。采用 Gleeble1500 热-力学模拟试验机用不同应变速率和温度下的 AZ31 镁合金进行热压缩试验，实验方案设计如表 10.1 所示。最后热压缩实验结果数据导入 DEFORM-3D 软件材料模型模块中，热压缩实验方案如表 10.1 所示。

表 10.1　AZ31 镁合金热压缩正交实验方案

方案	温度	应变	应变速率/s
一	250℃	0.1	0.001
二	300℃	0.2	0.01
三	350℃	0.3	0.1
四	400℃	0.4	1

根据表 10.1 设计的实验方案，将 Gleeble1500 热-力学模拟试验机上所测得的实验数据导入到 DEFORM-3D 软件材料库中。管材挤压-连续剪切弯曲（TESB）工艺和连续变通道挤压剪切（CVCES）工艺有限元模拟的几何模型包括挤压杆、挤压筒、挤压针、坯料、凹模等三维模型。采用 NX8.0 UG 三维绘图软件，根据模具参数建立起每个部件的三维模型，并用绘图软件的自带功能，将每个绘制完成部的件模型以 STL 文件格式导出；导入到 DEFORM-3D 软件的几何模型定义板块，TESB 管材挤压工艺和 CVCES 管材挤压工艺有限元模拟几何模型建立完成。根据物理挤压试验的真实情况，将坯料设置为塑性体，模具各部件设置为刚性体，挤压杆为主动件，坯料为从动件，其他模具部件固定不动。

10.2　TESB 工艺挤压实验

10.2.1　实验目的

为了验证 TESB 管材挤压工艺和 CVCES 管材挤压工艺是否能够连续生产加工镁合金管材，且使得加工后的管材外观良好，组织均匀，织构得到调控，特设计 TESB 管材挤压工艺和 CVCES 管材挤压工艺模具并进行挤压实验。最终研究管材的组织性能以及微观织构调控机理。

10.2.2　实验方法

TESB 管材挤压工艺和 CVCES 管材挤压工艺挤压实验所用的实验设备为主缸

公称力为 2500kN 的多缸伺服同步挤压机,实验材料采用商用铸态 AZ31 镁合金管坯,其主要化学元素质量分数如表 10.2 所示。

表 10.2　AZ31 镁合金的质量分数

元素	Al	Zn	Mn	Mg
质量分数/%	2.5～3	0.7～1.3	>0.20	余量

TESB 工艺模具挤压筒内径为 40mm,模具装配完成后,在挤压筒中的挤压针外径为 20mm,所以在挤压前要将原始材料加工成直径为 39.8mm、内直径为 20.4mm 的管坯,如图 10.3 所示。以便放入模具挤压筒中,和模具一起加热。

图 10.3　AZ31 镁合金空心坯料

加热时,先将电阻加热棒放入挤压筒和凹模的加热孔中,再将加热圈包在挤压筒外部,以获得到更佳的加热效果,并采用热电偶监控模具温度,防止加热温度过高,提高测温的准确性,模具、加热装置及热电偶如图 10.4 所示。

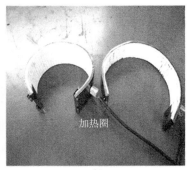

(a)　　　　　　　　　　　　　(b)

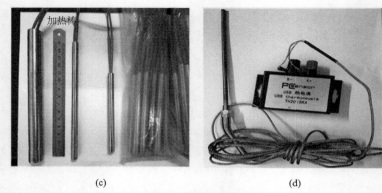

(c)　　　　　　　　　　　　　　(d)

图 10.4　模具及其加热装置和热电偶

10.3　金相实验

10.3.1　实验目的

　　金相实验通常是研究金属材料的低倍组织最简单直接的方法，本文通过对 TESB 工艺挤压过程不同阶段的管材进行取样观察，研究其组织均匀性及演变规律，从而说明 TESB 工艺生产镁合金管材的优越性。

10.3.2　实验步骤

　　金相实验一般包括：取样、镶嵌、磨样、腐蚀、拍照等步骤。
　　取样：所截取的样品的金相组织尽量与原有试样金相组织一致，在取样过程中其金相组织不发生变化，使其具有代表性，两种管材挤压工艺管坯金相实验取样位置如图 10.5 所示。

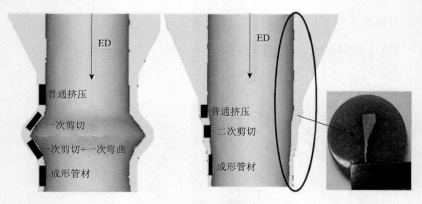

图 10.5　金相试样位置分布图

镶嵌：将金属试样待观察表面向下放入塑料模具中，室温下，将牙托粉加牙托水调成糊状并注入塑料模具中，等待 30min 后即可固化使用，镶嵌完毕的样品如图 10.6 所示。

图 10.6　金相实验样品

磨样：依次使用由粗到细的砂纸，同一牌号砂纸磨样方向相同，直到样品表面所有的划痕方向一致，更换下一个更细牌号的砂纸，磨样方向转换 90°，依次进行直到砂纸牌号为#1600 目。

腐蚀：待腐蚀表面向上，用滴管将腐蚀液滴在样品表面，5～30s 后用大量清水冲洗，然后使用乙醇进行二次冲洗，并用冷风吹干。

拍照：所有准备工作完成后，用徕卡 DMI5000M 金相显微镜在试样表面找出晶界界面明显及层次感强的区域进行拍照。

腐蚀液的配制：腐蚀液的配制是金相试样的重要环节，决定着实验的成败。腐蚀时间根据腐蚀液的种类和浓度进行选择，从几秒到几十秒不等，腐蚀效果以在显微镜下能够清晰分辨样品组织为最佳。腐蚀液成分为苦味酸 5g+冰乙酸 5g+蒸馏水 10mL+乙醇 100mL。

10.4　EBSD 实验

电子背散射衍射（EBSD）实验可以对 TESB 工艺和 CVCES 工艺各个变形阶段的管材进行表征，研究晶粒择优取向、孪晶组分、Schmid 因子、晶粒取向差角等微观组织特征的变化规律。首先，将两种成形工艺成形的管材切割成标准 EBSD 标准试样，然后将其固定在特制夹具上，在砂纸上进行打磨（砂纸牌号顺序为 400#，600#，800#，1000#，1200#），最后对打磨完成的样品进行电解抛光。AZ31 镁合金电解抛光液选用商用 AC Ⅱ，本实验所使用的 ACⅡ由自己配制，1000mL 的 AC Ⅱ配方及各成分组成比例如下：乙醇 800mL、丙醇 100mL、柠檬酸 75g、硫氯酸钠 41.5g、蒸馏水 18.5mL、高氯酸 15mL、羟基喹啉 10g。电解抛光时，用液氮将抛光液温度降到–30℃以下，直流电源电压调至 20V。为了提高抛光质量，将抛光电流设置为一个梯度，具体梯度和对应时间如下：0.01A 的电流保持 50s、0.02A 的电流保持 1min、0.03A 的电流保持 1min、0.04A 的电流保持 1min，0.05A 的电流保持 30s。电解抛光结束后，在采用场发射扫描电镜对管材试样进行电子背散射衍射（EBSD）测试，试样的位置如图所示。EBSD 测试在 30kV 电压下进行，扫描步长为 2μm，测试区域为长约 500μm，宽约 250μm 的矩形。数据后处理在 Channel 5 软件上进行。

10.5　小　　结

本章详细介绍了 AZ31 镁合金薄壁管材的挤压-剪切-弯曲成形工艺和连续变通道挤压-剪切工艺，旨在调控管材质量以满足航空航天等领域的需求。研究内容包括：利用 DEFORM-3D 软件，基于 AZ31 镁合金的热压缩试验数据，模拟了 TESB 和 CVCES 工艺的挤压过程，分析了等效应力和应变分布，以及变形温度、速度和摩擦条件对成形效果的影响；结合模拟结果，设计并加工了适用于 TESB 和 CVCES 工艺的模具，为实验提供必要条件；TESB 工艺挤压实验：验证了新工艺的可行性，生产出外观良好、组织均匀的管材；通过取样、镶嵌、磨样、腐蚀和拍照等步骤，研究了不同阶段管材的组织均匀性和演变规律；EBSD 实验：对变形阶段的管材进行表征，研究了晶粒择优取向、孪晶组分等微观组织特征的变化规律；通过实验和模拟结果，优化了 TESB 和 CVCES 工艺参数，为高性能镁合金薄壁管材的加工提供工艺指导。形成了具有国际先进水平的镁合金管材大塑性变形技术体系，促进了镁合金材料的规模化应用。

第 11 章　镁合金薄壁管材挤压-剪切-弯曲成形工艺及模具设计

11.1　管材 TESB 成形工艺

11.1.1　TESB 成形工艺介绍

管材挤压成形的方法有很多种，其中正向挤压应用最为广泛。TESB 工艺是在管材普通正向挤压的基础上调整模具结构，使得管材在成形过程中再受到两次剪切作用和一次弯曲作用，从而细化晶粒，改变内部晶粒取向。

TESB 挤压镁合金管材的模具如图 11.1 所示，主要包括挤压杆 1、挤压筒 2、凹模 3、底座 4、挤压针 5 和支撑板 6 等。挤压杆 1 为活动式装置，在挤压装置（挤压机）的带动下上下移动，挤压杆 1 正对挤压筒 2 中的坯料 7，向下移动后进入挤压筒 2，对镁合金料 7 进行挤压；挤压筒 2 上设置有加热孔 8，在加热孔 8 内插入电阻加热棒，对挤压筒 2、凹模 3 以及镁合金坯料 7 进行加热，达到工艺要求的温度以及加热均匀度；凹模 3、挤压筒 2 和挤压针 5 配合设置，形成挤压时镁合金坯料 7 的移动通道；凹模 3 具体设置在挤压筒 2 下部的腔体内，被挤压筒 2 包覆在内。

挤压筒 2、凹模 3 设置在带有内孔的底座 4 上，挤压针 5 下端设置在支撑板 6 上，上端伸入凹模 3 的内孔，与凹模 3 的内孔配合，在挤压针 5 的外侧面与凹模 3 内孔的内壁面之间，形成挤压型腔，具体安装时，挤压针 5 的中心线与凹模 3 内孔的中心线重合，挤压针 5 的外侧面与凹模 3 内孔的内壁面之间的间隙均匀，形成等间距、均匀的挤压型腔。根据需要，在支撑板 6 上还设置有观察孔 9，便于观看内部挤压操作的情况。

挤压杆 1 的结构中空，其内孔与挤压针 5 的外表面配合，挤压时，挤压针 5 将伸入挤压杆 1 的内孔中；镁合金管状坯料套在挤压针 5 上，加热以及被挤压。为了提高加热的均匀性和加热效率，凹模 3 上也设置有加热孔，也需要插入电阻加热棒进行加热；具体结构是：凹模 3 上的加热孔，与挤压筒 2 上的全部或部分加热孔 8 位置对应，加热棒可以从挤压筒 2 上的加热孔 8 伸入凹模 3 上的加热孔内，同时加热。

凹模 3 为活动设置，根据不同的挤压工艺，更换凹模 3 和芯轴 5，形成多种截面的挤压型腔，满足不同的挤压工艺的需要，涉及的 TESB 工艺和 CVCES 工

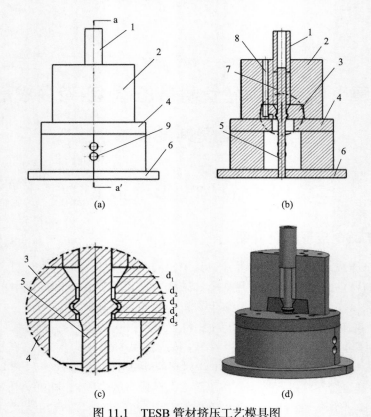

图 11.1　TESB 管材挤压工艺模具图

1. 挤压杆；2. 挤压筒；3. 凹模；4. 底座；5. 挤压针；6. 支撑板；7. 坯料；8.加热孔；9. 观察孔

艺挤压模具就是在课题组之前关于镁合金管材挤压-剪切（TES）工艺挤压模具的基础上设计而成。

如图 11.1（c）所示，凹模 3 和挤压针 5 形成具体的挤压型腔：凹模 3 的内孔的截面，从上至下为一段内径缩小的缩径区 d_1，形成锥形结构；缩径区 d_1 下面是一段定径区 d_2，d_2 区的内径不变；对应缩径区 d_1 和定径区 d_2，挤压针 5 的直径不变，挤压针 5 与缩径区 d_1 之间形成宽度逐渐缩小的锥形腔，挤压针 5 与定径区 d_2 之间形成宽度不变的圆环腔；在 d_2 区下面，是一段内径逐渐扩大的扩径剪切区 d_3，在扩径剪切区 d_3 下面是一段内径逐渐缩小的缩径剪切区 d_4，扩径剪切区 d_3 与缩径剪切区 d_4 之间平滑过渡连接，形成一个"C"字形平滑连接结构；挤压针 5 对应扩径剪切区 d_3，其直径对应逐渐增大，芯轴 5 对应缩径剪切区 d_4，其直径对应逐渐减小，挤压针 5 对应扩径剪切区 d_3 与缩径剪切区 d_4 的外侧面，形成一个"C"字形平滑连接结构；挤压针 5 与扩径剪切区 d_3 与缩径剪切区 d_4 之间，形成的环状腔体宽度基本恒定不变，挤压针 5 与扩径剪切区 d_3 之间，对管材形成一次剪切处理，挤压针 5 与缩径剪切区 d_4 之间，对管材形成第二次剪切以及弯曲处理；在缩径剪切区 d_4 下面，是一段内径不变的竖向整形区 d_5，挤压针 5 对应竖向整形区 d_5，其直径不变，形成宽度不变的圆环腔；该区域对前述处理后的管材进行整形处理。该工艺在同一模具上，仅一次挤压即可同时完成挤压、连续剪切弯曲、管材成形、整形 4 道工序。镁合金坯料成形过程中依次经过缩径段、定径段、剪切段、弯曲段以及整形段，利用三向不等值压缩应力状态下挤压变形的高挤压比细化晶粒，利用等间距通道转角的剪切产生的大塑性变形导致镁合金材料内部的大应变，从而再次细化晶粒提高组织的均匀性，利用挤压变形和弯曲变形调整镁合金的流动速度促使均匀、提高变形材料的表面质量。

　　挤压针 5 的外侧面与凹模 3 内孔的内壁面之间形成的挤压型腔，从上至下的宽度，最佳是保持相等，形成等间距、等宽挤压通道。镁合金料 7 在挤压筒 2 内被加热，达到要求的温度后，开启挤压机带动冲头 1 向下进入挤压筒 2 内，挤压镁合金料 7，镁合金料 7 依次经过缩径段、普通段、剪切段、弯曲段以及整形段，最终成形得到管材。

11.1.2　CVCES 挤压镁合金成形工艺介绍

　　与 TESB 工艺相似，CVCES 工艺是在管材普通挤压工艺的基础上增加四道剪切工序，从而起到细化晶粒、调控织构、降低管材各向异性的效果。

　　由于本书设计开发的模架具有较好的互换性，CVCES 管材挤压工艺模具是在 TESB 管材挤压工艺模具的基础上更换凹模 3 和挤压针 5，如图 11.2 所示，挤压杆、

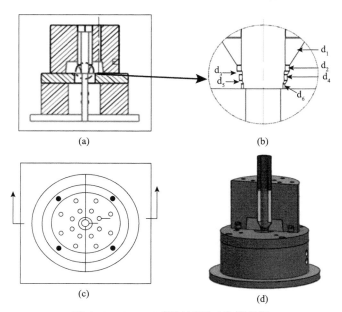

(a)　　　　　　　　　　　(b)

(c)　　　　　　　　　　　(d)

图 11.2　CVCES 管材挤压工艺模具图

挤压筒等模架部件均和 TESB 管材挤压工艺模具相同。CVCES 挤压工艺与 TESB 挤压工艺的区别在于，凹模 3 与挤压针 5 形成的空腔区域，坯料在挤压杆的作用下下行经过缩径段 d_1 和普通挤压段 d_2 后，随即进入剪切段 d_3、d_4、d_5 和 d_6，其中 d_4 和 d_6 通道宽度依次减小。在普通挤压工艺的基础上增加了四道剪切的同时，还通过减小通道宽度从而提高了挤压比，有利于更好地控制晶粒尺寸、提高组织均匀性和调控织构。

11.2　模 具 设 计

整套 TESB 工艺挤压模具和 CVCES 工艺挤压模具包括：挤压筒、凹模、挤压针、挤压杆等，此外还有一些其他模具配件。挤压模具的服役环境一般为高温、高压、高摩擦，其使用寿命较短。因此，合理地选择模具材料、设计模具结构、制定工艺规程至关重要。挤压筒的作用是在挤压模具工作时容纳坯料、承受压力以及为挤压杆导向等。挤压杆工作时，坯料被挤压下行，在挤压杆、挤压针、挤压筒以及凹模约束下只能从模孔挤出。挤压筒尺寸要根据压力机吨位和金属变形抗力来设计。通常，在保证挤压杆单位面积压力不低于坯料变形抗力和保证模具强度的情况下，挤压筒尺寸越小越好。挤压筒的长度 L_t 确定如式（11.1）所示：

$$L_t = L_0 + t + S \tag{11.1}$$

式中，L_0 为坯料长度；t 为挤压杆进入挤压筒的深度；S 挤压垫片的厚度。挤压筒的尺寸图及三维图如图 11.3 所示。

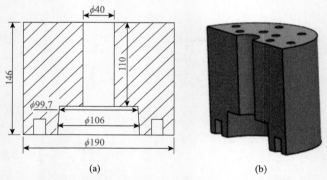

(a)　　　　　　　　　　　　　　(b)

图 11.3　挤压筒的尺寸图（a）及三维图（b）（单位：mm）

11.2.1　凹模的设计

在整套 TESB 工艺挤压模具和 CVCES 工艺挤压中，凹模内孔与挤压针外侧形成环形型腔。凹模设计的好坏直接影响产品的质量、产量以及成品率。由于凹模工作的环境比较恶劣，通常为高温、高压、高摩擦，所以其模具参数的选择与优化格外重要。模角 α：凹模模角指的是其工作端面与其中心轴线所构成的夹角。当凹模模角为 90°时，模具工作时死区较大，产品表面质量较好，但挤压力较大，对压力机和模具强度要求高；当模角选取较小时，死区面积和挤压力也随之减小，但制品表面质量难以控制，坯料表面的氧化皮等杂质易被挤入制品中，形成缺陷。工作带长度：工作带又称定径带，是保证管材形状尺寸和表面质量的关键。工作带过短，制件形状尺寸难以保证，模具也容易磨损失效；工作带过长，会使得挤压力增加，制品表面易形成麻面、毛刺、划伤等缺陷。模孔尺寸：工作带模孔尺寸的选择要考虑诸多因素，如坯料的材料属性、模具的热膨胀系数、模具的弹性变形、制品在矫正拉直时的断面收缩等。因此，一般用综合裕量系数来综合考虑各种因素对制品尺寸的影响。即

$$A = (1 + C)A_0 \qquad (11.2)$$

式中，A_0 为制品断面名义尺寸；C 为综合裕量系数，根据生产经验确定，一般镁合金 C 取值 0.015～0.020。

工作带入口圆角半径：为了防止像镁合金这种塑性较低的金属在挤压过程中产生裂纹，在凹模工作带入口处通常要设置一个圆角半径作为过渡。高温变形时，圆角半径还可以降低模具变形量以保证制件的尺寸精度。模角的设计要考虑挤压温度、挤压速度、坯料强度、制件横截面积等因素。

凹模外形尺寸：凹模外形尺寸要根据压力机吨位来选择，其外圆尺寸的确定要考虑强度、系列化、成本等因素。通常，凹模外圆最大直径为挤压筒内径的 0.80～0.85 倍，厚度为 30～80mm，具体数值根据实际情况进行选择，压力机吨位大的取上限，吨位小的取下限。凹模的形状设计成倒锥体，外圆锥度为 6°，便于和挤压筒配合。

11.2.2 挤压杆的设计

在管坯挤压过程中，挤压杆是主要的传力部件，压力机主缸产生的压力都要由挤压杆传递，所以对其强度要求较高，一般选择高强度（σ_b=1600～1700MPa）合金钢锻件制造。挤压杆的结构有实心式和空心式两种，本书涉及的模具均采用空心式挤压杆，其外圆尺寸根据挤压筒内径选择，由于 TESB 工艺和 CVCES 工艺挤压工作过程是在立式挤压机上完成的，因此挤压杆内径尺寸选择比挤压筒内径小 2～3mm；内径尺寸能通过挤压针即可。挤压杆长度等于挤压杆压板厚度加上挤压筒长度再加 10mm，两个端面摆动量和杆身与根部的不同心度不超过 0.1mm，杆身内外圆表面粗糙的不超过 2.5μm，以便挤压完成后坯料可以顺利取出，因此挤压杆如图 11.4 所示。

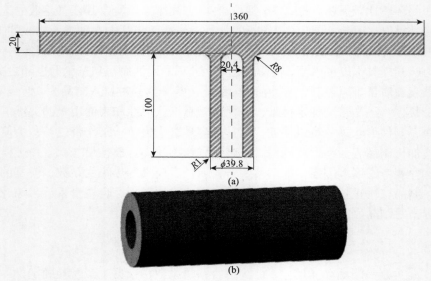

图 11.4　挤压杆尺寸（a）及三维（b）图（单位：mm）

11.2.3　挤压针的设计

挤压针的主要作用是决定产品的内孔尺寸，同时对管材内表面质量也起着决定性作用。挤压针结构有瓶式、圆柱式、浮动式等，可根据产品要求及实际生产情况进行选择。挤压针的工作长度设计综合需要考虑坯料长度、凹模工作带长度、挤压针伸出工作带长度等，本文设计的两套模具挤压针如图 11.5 所示。

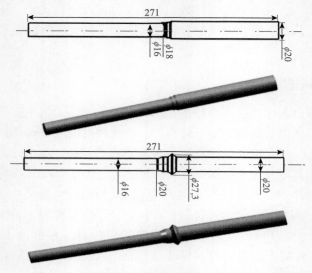

图 11.5　挤压针尺寸图及三维图（单位：mm）

11.3　管材挤压工艺流程

采用 TESB 工艺和 CVCES 工艺挤压管材时，工艺流程如图 11.6 所示。首先，将挤压筒内壁、挤压针外壁、管状坯料表面均涂抹上石墨粉，起到润滑的作用，然后将模具组装好，并将管状坯料放入挤压筒中，模具和坯料一同加热，当温度达到工艺要求后，启动压力机，在压力机的带动下，挤压杆下行，最终挤出管材。

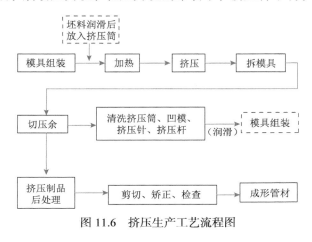

图 11.6　挤压生产工艺流程图

11.4　坯料尺寸的选择

坯料选择的原则：对坯料质量的要求，根据合金、技术要求和生产工艺而定；一般而言，为保证挤压产品断面组织均匀还要对性能进行考虑，从而可以根据合金塑性图选择适当的变形量，应选择挤压时坯料变形程度大于 80% 而大多数选择 90% 以上；挤压产品时，应充分考虑挤压余量的大小和切除头部、尾部所需的金属量；铸锭尺寸加工完成后，必须确保挤压机的挤压力和模具所能承受的强度；为确保操作的顺利进行，在挤压筒与空心坯料之间和坯料与挤压针之间都应保留一定的空隙；而间隙的选择，必须考虑到坯料热膨胀的影响。坯料挤压制品所要求的长度确定坯料的长度时可用以下计算：

$$L_0 = K_t \frac{L_z + L_Q}{\lambda} + h_y \qquad (11.3)$$

式中，L_0 为坯料长度（mm）；K_t 为填充系数；L_z 为制品长度（mm）；L_Q 为切头、切尾长度（mm）；h_y 为压余厚度（mm）。

在实际挤压有色金属时，挤压所用到的坯料大多选择圆柱形；它的长度 L_0 一般选择为其直径的 2.5～3.5 倍。结合实际挤压实验的实际情况，最终确定使用直径为 39.8mm、内直径为 20.4mm、长度为 55mm 的空心管坯。

11.5　挤压比的选择

按理论来说，在选择挤压比时，必须综合考虑合金的塑性及产品的性能，而实际生产过程中，主要考虑两个方面，一个方面是挤压工具所能承受的最大强度，另一方面是挤压机所能允许的最大挤压力；在满足上述条件的基础上，为获取组织均匀且具有较高力学性能的制品，应尽量选择大的挤压比进行挤压，管材的挤压比计算公式如式（11.4）所示：

$$G = \frac{D_0^2 \cdot d^2}{4(d-s)s} + 1 \qquad （11.4）$$

式中，D_0 为挤压筒直径（mm）；d 为挤压管材直径（mm）；s 为挤压管材壁厚（mm）。

模具设计中最重要的一环就是挤压比，它的选择决定着产品的尺寸；当应变量达到一定的标准时，而这个标准就是动态再结晶所需的临界应变；挤压比越大，相应的应变累积也越大，因此细化晶粒效果越显著。然而挤压比过大，所需挤压力大，甚至超过负荷能力对模具的磨损影响显著可能导致模具发生镦粗甚至破裂。因此，选取合适的挤压比是相当重要的。本文设计的两种挤压工艺是建立在课题组之前研究的基础上，TESB 工艺的挤压比为 9.3，CVCES 工艺挤压比为 16.8。

11.6　小　　结

本章详细介绍了镁合金薄壁管材的挤压-剪切-弯曲成形（TESB）工艺及连续变通道挤压剪切（CVCES）工艺，并深入探讨了模具设计的关键要素。

TESB 工艺是在传统正向挤压的基础上，通过模具结构的调整，增加剪切和弯曲作用，以实现晶粒细化和晶粒取向的改变。该工艺的模具设计包括活动式挤压杆、挤压筒、凹模、底座、挤压针和支撑板等关键部件。模具设计考虑了加热效率、挤压型腔的均匀性以及多段成形区域的设置。

CVCES 工艺在普通挤压工艺的基础上增加了四道剪切工序，通过模具的凹模和挤压针设计实现连续剪切，进一步提高挤压比，有助于晶粒尺寸的控制和织构的调控。模具设计部分重点讨论了挤压筒、凹模、挤压杆和挤压针的设计原则和计算方法。设计时需考虑模具材料的选择、模具结构的合理性以及工艺规程的制定，以确保模具在高温、高压、高摩擦环境下的使用寿命和产品的质量。挤压工艺流程包括坯料的准备、模具组装、加热、挤压成形等步骤。流程的设计旨在确保操作的顺利进行和产品的一致性。讨论了坯料尺寸的选择原则，包括坯料长度、直径和壁厚的确定，以及挤压比对产品质量的影响。挤压比的选择需平衡晶粒细化效果和模具的承载能力。本章对镁合金薄壁管材的 TESB 和 CVCES 成形工艺及模具设计进行了全面分析，展示了如何通过工艺和模具设计的优化实现高性能镁合金管材的生产。通过合理的工艺流程和精确的模具设计，可以有效提高管材的组织均匀性、改善力学性能，并实现管材的高效生产。这些研究成果对推动镁合金在轻量化应用中的进一步发展具有重要意义。

第 12 章　管材挤压-连续剪切弯曲成形过程数值模拟及组织演变

管材挤压-连续剪切弯曲成形模具的型腔通道是在管材普通挤压成形模具型腔通道的基础上增加了剪切段和弯曲段。如图 12.1 所示。当挤压比一定时，坯料下行至剪切段和弯曲段通道后，会使得局部应变量增加，对挤出制品的微观组织将会产生重要影响，起到细化晶粒、改变晶粒取向、降低其力学性能各向异性的作用。

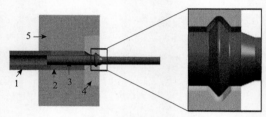

图 12.1　TESB 挤压过程示意图
1. 挤压杆；2. 坯料；3. 芯轴；4. 凹模；5. 挤压筒

12.1　有限元模型的建立

TESB 新工艺是在普通挤压的的基础上增加了两道剪切工序和一道弯曲工序，这将导致模具结构变得非常复杂，与管材普通正挤压相比，坯料在挤压成形过程中的应力应变和流动性、温度场等与之存在较大差异，研究各个工艺参数对挤压过程的影响对提升成形管材的力学性能和表面质量具有重要意义。工艺参数主要包括：挤压温度、摩擦因子、挤压速度、模具几何结构等，这些参数将直接决定制品的质量。本文采用先进的塑性成形仿真软件 DEFORM-3D 对 TESB 管材挤压新工艺进行仿真，有限元模型参数如表 12.1 所示。

表 12.1　有限元模型及数值模拟参数

参数	数值
坯料长度/mm	55
坯料外直径/mm	39.6

续表

参数	数值
坯料内直径/mm	20.4
挤压筒直径/mm	40
挤压比	9.33
坯料与模具之间的导热系数/（N/（℃·S·mm²））	11
网格单元总数（四节点单元）	32000
网格最小尺寸/mm	1.27
相对渗透深度	0.7
网格密度类型	相对的
模拟类型	拉格朗日增量
求解类型	直接迭代共轭梯度法

12.2　TESB 挤压工艺有限元模拟结果分析

12.2.1　TESB 变形过程中的温度场变化

为了研究 TESB 变形过程中坯料各部分的温度分布情况，对坯料的轴截面进行分析，不同变形阶段的温度分布云图如图 12.2 所示。普通挤压时，坯料上部未变形区域温度变化不大，如图 12.2（a）、图 12.2（b）所示，坯料下部变形区温度明显升高，这是因为塑性变形开始时，塑性变形功转化的热量使变形区域温度升高，坯料在挤压杆的作用下依次经过普通挤压区、扩径剪切区、弯曲区和缩径剪切区，如图 12.2（b）、图 12.2（c）、图 12.2（d）、图 12.2（e）所示，坯料经过缩径剪切区后进入稳定变形阶段，此阶段的挤压载荷变化不大。由图 12.2（e）不难看出，剪切变形区为整个坯料温度最高的区域。导致坯料温度升高的热一部分来自自身的塑性变形功，一部分来自于坯料与模具之间的摩擦。坯料变形时产生的塑性变形功绝大部分以热量的形式使周围温度升高，极少部分以晶体缺陷的形式存留在坯料内部。整体来看，坯料变形区域温度分布均匀，比初始变形温度高出 20℃左右。剪切变形区在整个 TESB 挤压过程中始终处于高温，也是决定最终挤出管材质量的关键，直接影响着制件的组织性能和力学性能，并且剪切变形区应力较大，加上温度变化剧烈，也会影响到模具的尺寸精度，进而影响挤出管材的尺寸和形状。为了更直观的分析有限元的模拟结果，分析整个变形过程中坯料各个部位的温度变化，借助于 DEFORM-3D 的点追踪技术，在坯料上取 $P_1 \sim P_6$，如图 12.3（b）所示。通过追踪不同的质点来获取目标区域的温度变化情况，追踪质点的温度变化情况如图 12.3（a）所示。由图 12.3 可以看出，坯料未变形区域质点温度变化不大，缩径区和普通挤压区温度要低于剪切变形区，其中剪切次数越多，温度相应越高，变形区温度的最大值为 443℃。

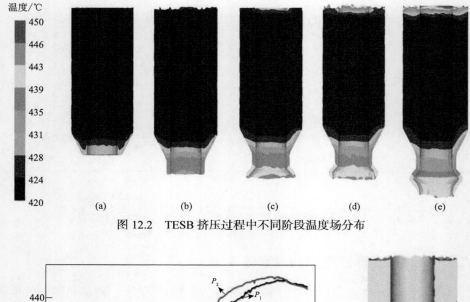

图 12.2　TESB 挤压过程中不同阶段温度场分布

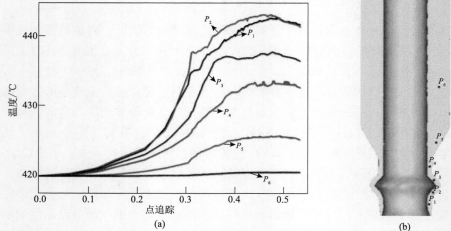

图 12.3　TESB 挤压成形过程中管坯不同位置的温度变化

12.2.2　TESB 变形过程中温度对载荷的影响

理论上变形温度的升高，变形体变形抗力下降，因此所需的挤压载荷也随之降低。实际上，绝大多数材料塑性变形时的变形抗力随温度的升高而降低并不是线性关系，所以挤压载荷和温度的关系也非线性关系。图 12.4 为不同初始挤压温度 AZ31 镁合金管坯 TESB 挤压变形时的载荷-行程曲线。

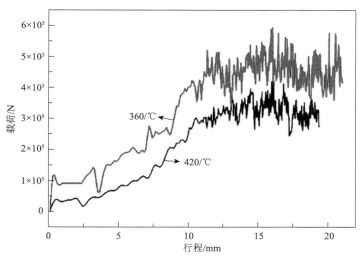

图 12.4　不同变形温度 AZ31 镁合金 TESB 挤压载荷-行程曲线

由图可知，AZ31 镁合金管坯变形时所需的挤压载荷随温度的升高而降低，360℃的条件下挤压时所需的挤压力约为 $5×10^5$N，而当变形温度为 420℃时，镁合金更多的滑移系被激活，塑性增强，从而变形抗力减小，最大挤压力约为 $3.5×10^5$N，挤压载荷降低明显。当坯料进入稳定变形阶段后，挤压载荷稍有下降，这是坯料在经过剪切段后，变形累积了足够的变形激活能，发生了动态再结晶，使得材料软化，同时加工硬化与再结晶软化同时作用，使得挤压载荷呈波动变化。虽然提高变形温度可降低挤压力，延长模具寿命，但是从提高制品组织性能、细化晶粒的角度来说，过高的变形温度将导致晶粒粗大，降低制品的力学性能。

12.2.3　温度对等效应力的影响

图 12.5 为在挤压速度为 10mm/s，初始挤压温度分别为 360℃、390℃、420℃时的等效应力云图。由图可知，剪切变形区域等效应力值较高，当初始挤压温度不同时，剪切区对应的最大等效应力值也不同，分别为 87MPa、62MPa、52MPa，随着变形温度提高，剪切区最大等效应力降低的同时，等效应力分布的均匀性也随之提高。在镁合金坯料塑性变形的过程中，合理地选择变形温度有利于延长模具寿命，提高制品的表面质量。

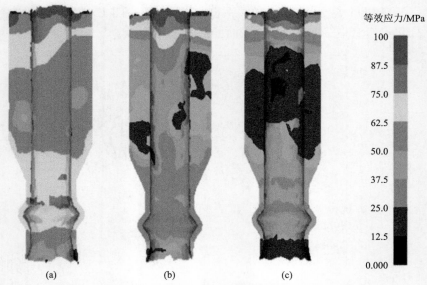

图 12.5　不同变形温度 AZ31 镁合金管坯轴截面等效应力分布

（a）360℃；（b）390℃ ；（c）420℃

12.2.4　挤压速度对温度场的影响

　　金属在热塑性变形时，若变形速度较小，则变形过程中有足够的时间发生回复，晶界有足够的时间吸收位错，从而使得制品的微观组织均匀性得到提高；若挤压变形速度设置过大，则坯料在变形过程中会迅速产生大量的变形热，短时间内难以散去，使得局部温度过高，对制品的组织性能将产生不利影响。由于 TESB 挤压是在较高的温度下进行，因此必须考虑挤压速度对 TESB 挤压过程中坯料温度场分布的影响。如图 12.6 所示，初始挤压温度为 390℃，挤压速度分别为 5mm/s、20mm/s、30mm/s 时的坯料温度场分布。由图可知，在初始挤压温度相同的情况下，挤压速度对坯料温度场分布的影响十分明显，由图 12.6（a）可知，当挤压速度为 5mm/s 时，整个 TESB 挤压过程温度变化不大，挤压结束后的最低温度为 392℃，高温区位于普通挤压阶段，且温度场分布均匀，温度梯较小。由于变形速度较小，坯料中部未变形区域受到高温区热传导的影响，温度几乎和变形区域相同，而坯料上部与挤压杆接触的部分由于载荷作用，温度升高较快。从不同挤压速度对应的温度场分布情况来看，当挤压速度为 5mm/s、20mm/s、30mm/s 时，其剪切变形的最高温度分别为 392℃、422℃、430℃，坯料剪切变形区的温度随挤压速度增大而升高，且剪切变形区内分度分布梯度增大。导致这个现象的原因是，挤压速度提高，坯料在单位时间内的应变值增大，塑性变形功转化的热量也随之增加，同时，较高的变形速

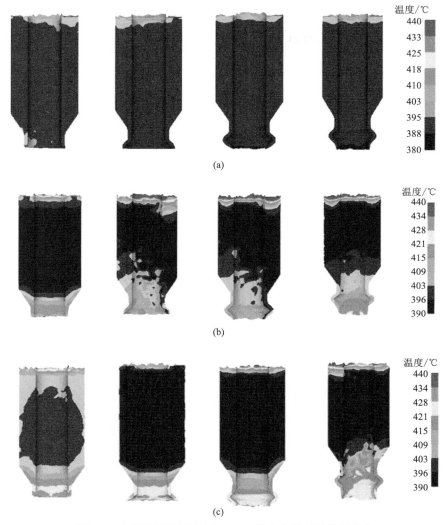

图 12.6　不同挤压速度下的 AZ31 镁合金管坯温度场分布
（a）5mm/s；（b）20mm/s；（c）30mm/s

度减少了坯料与周围环境的热交换时间，所以坯料温度升高较快。若以非常高的速度进行 TESB 挤压，则变形时间非常短，坯料与周围环境的热交换时间较少，可视该过程为绝热过程，坯料温度会随变形量的增加而增加；挤压较低时，塑性变形功转化的热量和工模之间摩擦产生的热量与自然冷却损失的热量大致相等，因此，试样本身在挤压过程中温度变化较小，可近似视这种情况为恒温变形。当温度升高时，塑性变形功转化的热量大于与热交换过程中的热量损失，导致坯料尤其是剪切变形区温升较大，温度场变化明显。

制件的组织性能和坯料的流动性均受到温度的影响，因此，在实际的 TESB
挤压生产过程中，特别是较高温度挤压管材时，应充分考虑挤压速度对温度
场的影响，合理控制挤压速度，避免挤压过程中过高的温升，影响管材的组
织性能。

12.2.5　摩擦因子对温度场的影响

坯料与模具之间的摩擦是影响 TESB 挤压过程中其变形行为的一个重要因
素，对制件的质量影响很大，机理复杂。当坯料与模具之间的摩擦因子不同
时，变形时由摩擦产生的热量也不同，为了分析摩擦因子对坯料变形过程中
温度场分布的影响，取摩擦因子为 0.25、0.1 和 0.4 时 TESB 挤压管材的轴截
面进行分析。

如图 12.7 所示，坯料剪切变形区依旧是核心高温区，这说明坯料变形时的塑
性变形功仍是使得坯料温度升高的主要原因。当摩擦因子增大时，坯料的整体温
度也随之升高，高温区的面积显著变大，这是因为当摩擦因子增大时，坯料与模
具之间的摩擦加剧，产生了更多的摩擦热。由于变形区的热传导效应，坯料未变
形区温度也明显升高。

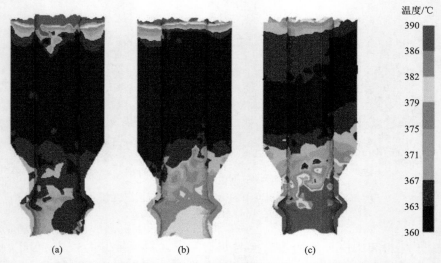

温度/℃

390
386
382
379
375
371
367
363
360

(a)　　　　　　　　　(b)　　　　　　　　　(c)

图 12.7　不同摩擦因子 AZ31 镁合金管坯 TESB 挤压温度场分布

（a）摩擦因子为 0.25 ；（b）摩擦因子为 0.1 ；（c）摩擦因子为 0.4

12.2.6　摩擦因子对等效应力的影响

摩擦因子的变化必然会导致变形载荷发生变化，进而导致坯料在变形过程中

的等效应力和等效应变发生变化，图 12.8 为不同摩擦条件下 TESB 挤压过程中的等效应力分布，如图所示剪切变形区为等效应力分布的集中区域，随着摩擦因子的增大，模具对坯料流动的阻碍作用增强，这造成剪切变形区域的等效应力变大。整体分析来看，坯料与模具的接触条件的改变导致坯料的等效应力分布也发生了改变。适当提高摩擦因子可使得剪切变形区域的等效应力分布更加均匀，这与实际生产过程中，给变形坯料施加背压类似。

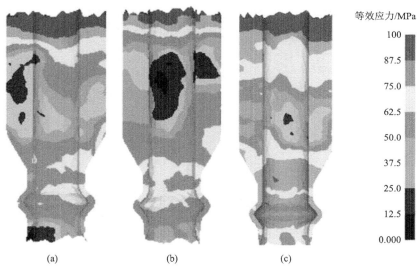

图 12.8　不同摩擦因子 AZ31 镁合金管坯 TESB 挤压等效应力分布
（a）摩擦因子为 0.25；（b）摩擦因子为 0.1；（c）摩擦因子为 0.4

12.2.7　TESB 挤压变形过程等效应变分布

在 AZ31 镁合金热塑性变形过程中，动态再结晶的启动需要同时满足挤压温度和变形量两个条件，通常，变形量增加将导致晶格畸变加剧，晶内位错密度增加，为动态再结晶提供驱动力。TESB 挤压过程中可以用等效应变来衡量变形量，且可直观地看出变形位置与变形量大小。从图 12.9 中可以看出，TESB 挤压过程中等效应变分布较均匀，大塑性变形区主要集中在剪切变形区。

为了准确的分析 TESB 挤压工艺挤压管材比普通挤压工艺挤压成形管材增加的应变值，对未缩径区、普通挤压区和成形管材进行点追踪。如图 12.10 所示，挤压-连续剪切弯曲成形的管材最终累积等效应变最大值为 4.2，比普通正挤压管材的等效应变累积值高出 1.5 左右。

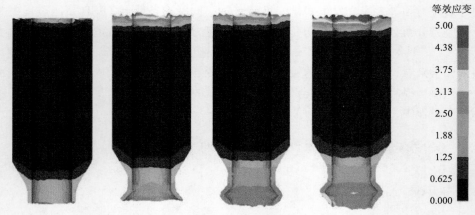

图 12.9　　AZ31 镁合金管坯 TESB 挤压过程中等效应变分布

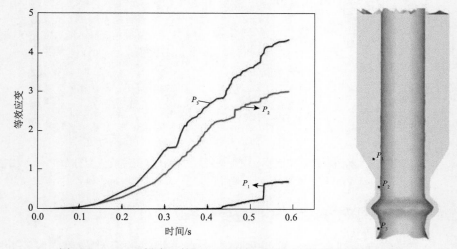

图 12.10　　AZ31 镁合金管坯 TESB 挤压过程中不同位置的等效应变

12.3　微观组织演变

　　为了分析 TESB 挤压变形时坯料的微观组织演变，研究 AZ31 镁合金在 TESB 变形过程中的晶粒细化机制，特将挤压制品的四个典型变形区进行取样分析如图 12.11 所示，图 12.11（a）为普通挤压区，图 12.11（b）为一次剪切区，图 12.11（c）为一次剪切加一次弯曲区，图 12.11（d）为成形管材，管材的成形最终经历了两次剪切作用和一次弯曲作用。在普通挤压阶段即 A 区，由于坯料为铸态 AZ31 镁合金，原始晶粒粗大，晶粒的平均尺寸为 82μm。经过普通挤压变形后，纤维组织明显，组织中存在大量拉伸孪晶，在挤压变形时，随着挤压力增加，应变值也不断增加，粗大的原始晶粒在机械作用下发生破碎，同时，位错通过滑移或攀移在晶界和孪晶界处集中，则首先在原始破碎晶粒的晶界处和孪晶晶界处发生动态再结晶。坯料在挤压杆的作用下下行至转角剪切区后，由于晶粒受剪切应力的作用，晶粒间发生相对转动，并重新排布，由于变形温度较高，该区域组织中出现一定比例细小圆整的再结晶晶粒，这主要是由于坯料在剪切变形区内变形剧烈，变形储存能较高，为 AZ31 镁合金的动态再结晶提供了足够的驱动力，加速原始粗晶破碎的同时促进晶界的滑移，从而发生塑性变形。从 C 区的金相图可以看出，细小圆整的再结晶晶粒比例明显增加，原因是变形温度较高，且随着变形程度的增加，晶内储存的畸变能急剧升高，短时间内无法释放，使得再结晶晶粒形核数目增多，进一步发生动态再结晶。D 区为 TESB 工艺挤压成形的管材，在最终成形前还要经历一次剪切，晶粒受到强烈的三向应力，晶粒内部的位错密度急剧增加，晶格畸变加剧，D 区晶粒经过了剪切区后，虽不再受到应力的作用，但再结晶仍能继续进行，如图 12.11（d）所示，组织内部存在大量 10μm 以下的圆整晶粒，晶粒平均尺寸降低为 13.4μm。

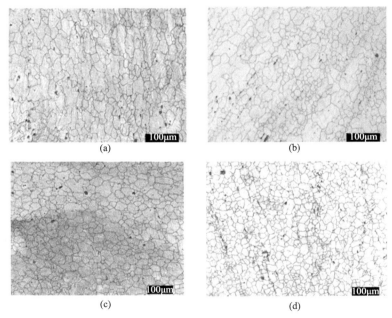

图 12.11　TESB 挤压 AZ31 镁合金管坯不同位置金相组织
（a）普通挤压区；（b）一次剪切区；（c）弯曲区；（d）成形管材

综上所述，TESB 挤压工艺挤压成形 AZ31 镁合金薄壁管材时，引入了一系列连续的深度剪切变形，仅挤压一次，就能使得铸态管坯晶粒细化效果明显，获得组织均匀晶粒细小的管材。

12.4　EBSD 分析

为进一步深入分析 TESB 挤压变形过程中镁合金管坯的组织演变规律，对管材轴截面四个典型变形区进行取样进行 EBSD 检测分析。

12.4.1　极图

由于管坯挤压变形时晶粒的择优取向极易形成织构，最终挤压制品的各向异性严重，不利于后续的二次加工。因此研究 TESB 挤压制品的织构，分析各个典型变形区的织构演变极其重要。极图是研究镁合金织构演变的重要工具，如图 12.12 所示普通挤压区的管材具有很强的挤压织构大部分晶粒的基面几乎与挤压方向平行，经剪切和弯曲作用之后，织构类型发生改变，强度明显降低，由 30.30 降低为 11.33。最终成形管材的大部分晶粒的 c 轴与挤压方向约呈 45°角，这样的

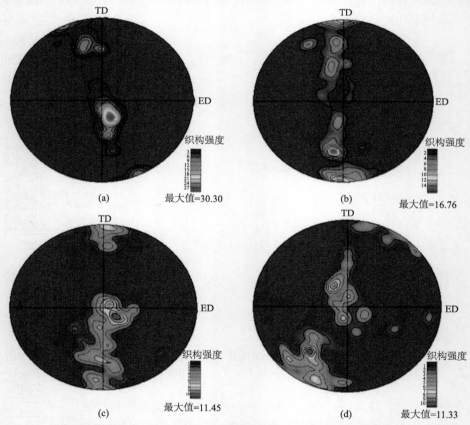

图 12.12　TESB 挤压 AZ31 镁合金管坯不同位置样品极图
（a）普通挤压区；（b）一次剪切区；（c）弯曲区；（d）成形管材

晶粒取向有利于沿挤压方向拉伸时基面滑移系激活，提高管材的塑性变形能力。

12.4.2　Schmid 因子

Schmid 因子反映滑移开动的难易程度，又称为取向因子。滑移能否进行取决于滑移面内沿滑移方向上的分切应力值，只有分切应力值达到滑移临界分切应力时滑移才能发生，临界分切应力与 Schmid 因子和屈服强度的关系如下：

$$\sigma_s = \frac{\tau K}{\cos\phi\cos\lambda} \qquad (12.1)$$

式中，$\cos\phi\cos\lambda$ 为 Schmid 因子；σ_s 为屈服极限；滑移系启动时的所需的临界分切应力是一定的，所以由公式的屈服极限 σ_s 与 $\cos\phi\cos\lambda$ 成反比，当挤压力与滑移面和滑移方向的夹角为 45°时，这个时候 Schmid 因子 $\cos\phi\cos\lambda$ 具有最大值 0.5，最容易激活该滑移系，滑移容易进行。

图 12.13 为沿挤压方向拉伸时（0001）〈11$\overline{2}$0〉滑移系的 Schmid 因子分布图

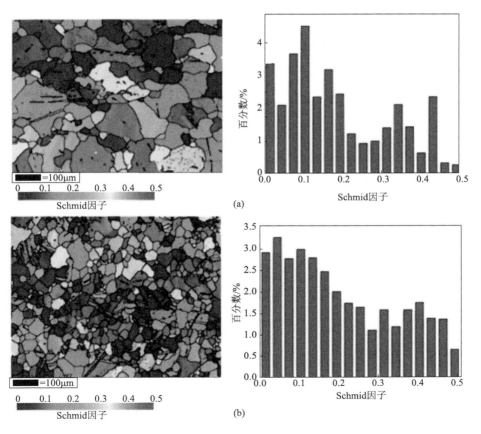

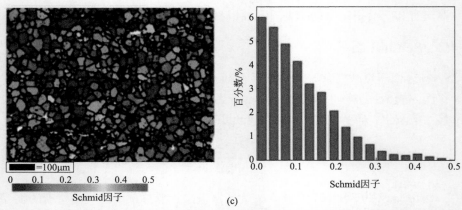

图 12.13　TESB 挤压 AZ31 镁合金管坯不同位置样品 Schmid 因子分布图及统计图
(a) 普通挤压区；(b) 一次剪切区；(c) 弯曲区

和统计图。从图中可以看出晶粒的基面与挤压方向平行，当沿挤压方向拉伸时，部分晶粒的 Schmid 因子值较低，基面滑移难以启动。由图 12.12（a）、图 12.12（b）、图 12.12（c）中可以看出大部分区域的晶粒的 Schmid 因子小于 0.2。图 12.12（d）表明 Schmid 因子较高的比例要高于 Schmid 因子较低的比例，TESB 工艺成形的管材沿挤压方向拉伸时晶粒滑移系容易启动，管材容易变形，塑性较高。

12.4.3　孪晶分布

孪晶对镁合金的变形及力学性能均有重要影响，镁合金在挤压过程中易出现 $\{10\bar{1}2\}$ 拉伸孪晶，拉伸孪晶可以起到改变晶粒的位向，协调位错滑移的作用。相关研究表明，孪晶多分布于大晶粒内部，因此，当晶粒细化到一定程度时，孪晶的数量和尺寸都将减小。

如图 12.14 所示，在普通挤压阶段、一次剪切阶段和弯曲阶段挤压变形过程中孪晶起到了重要作用，管材挤出成形后，由于不受力的作用，变形温度较高，加之采用空冷的方式冷却，挤出管材在模具内自然冷却相当于退火过程，发生了 $\{10\bar{1}2\}$ 拉伸孪晶数量减少。

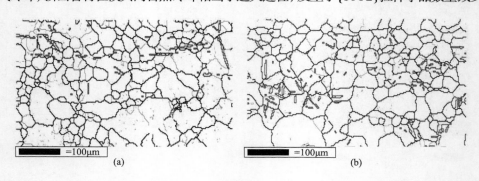

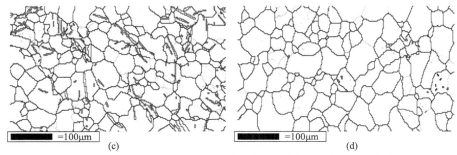

图 12.14　TESB 挤压 AZ31 镁合金管坯不同位置样品孪晶分布

（a）普通挤压区；（b）一次剪切区；（c）弯曲区；（d）成形管材

12.4.4　再结晶现象

动态再结晶通常在热变形过程中进行，在 AZ31 镁合金管坯挤压-连续剪切弯曲变形过程中，剪切变形和弯曲变形可使得实际的应变值增大，为动态再结晶提供足够的变形激活能，有利于促进动态再结晶的进行。静态再结晶发生在热变形结束后。晶粒形貌和取向角可作为再结晶晶粒的判定标准。再结晶晶粒通常呈等轴状，晶粒内部位错密度较低，晶界多为大角度晶界。

如图 12.15 所示，为 TESB 挤压变形过程中典型变形区域的再结晶组织分布图与统计图。从再结晶统计图可以看出，普通挤压成形的管材再结晶比例为14.03%，坯料经过剪切成形区和弯曲成形区后，最终成形管材再结晶组织比例高达 66.8%。由此可知，在 AZ31 镁合金管坯挤压-连续剪切弯曲变形过程中，随着

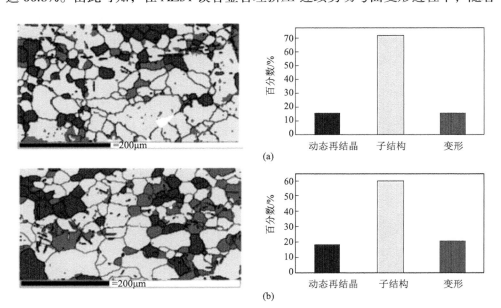

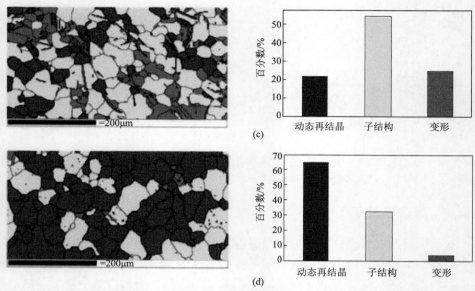

图 12.15　TESB 挤压 AZ31 镁合金管坯不同位置样品再结晶组织分布图及统计图

（a）普通挤压区；（b）一次剪切区；（c）弯曲区；（d）成形管材

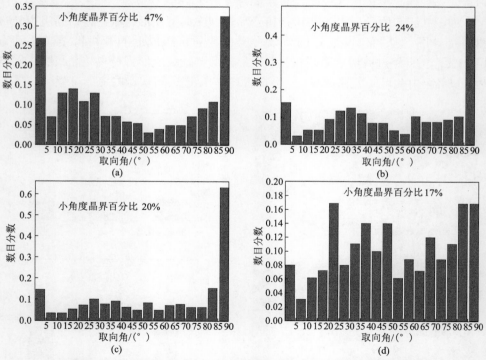

图 12.16　TESB 挤压 AZ31 镁合金管坯不同位置样品取向差角统计图

（a）普通挤压区；（b）一次剪切区；（c）弯曲区；（d）成形管材

挤压的进行，由上到下，各工艺位置的再结晶组织比例逐渐提高。从取向差角图可以看出，取向差角在 86°附近存在峰，这很好地吻合了孪晶统计中前三个典型变形区中观察到大量的{10$\bar{1}$2}拉伸孪晶。动态再结晶的进行伴随着小角晶界（2$\bar{1}$5°）的形成和向大角晶界的转化，由图 12.16 可以看出，普通挤压成形的管材组织中小角晶界比例为 47%，TESB 挤压成形的管材组织中小角晶界的比例为17%，这说明 TESB 变形过程中{10$\bar{1}$2}拉伸孪晶在协调塑性变形和促进动态再结晶进行等方面发挥着重要作用。

12.5　显微硬度测试

硬度是用来衡量材料的软硬程度，反映材料弹塑性和变形特性的力学性能指标。AZ31 镁合金管坯的 TESB 挤压变形过程包括普通挤压、剪切、弯曲等工艺，这种新的管材成形工艺导致的加工硬化和动态再结晶对材料的硬度有着重要的影响。

图 12.17 为不同温度下 TESB 挤压成形过程中各工艺位置纵截面的硬度分布情况，数值误差范围为±5。由图可知，在整个 TESB 挤压成形过程中，管坯硬度均呈先升高后降低的趋势，硬度最大值分别为 72、78、82。这是因为在前期变形过程中，变形量逐渐累积，加工硬化严重，后期整形阶段，摩擦作用和塑性变形功导致管坯温度较高，变形储能较高，动态再结晶进行充分，最终晶粒发生异常长大，晶粒减少，因此硬度呈下降的趋势。温度越高，各工艺位置对应的硬度值越低，这是由于温度越高，位错运动能力越强，位错缠结减弱，硬度下降，成形的管材最终硬度分别为 64、75、80。

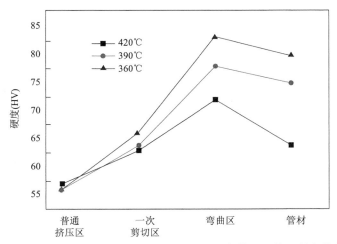

图 12.17　AZ31 镁合金 TESB 挤压成形过程中管坯纵截面硬度分布

12.6　小　　结

本章基于挤压试验和 DEFORM-3D 数值模拟，通过金相观察、硬度试验、EBSD 分析等手段，研究了镁合金薄壁管材挤压-连续剪切弯曲过程，主要结论如下：

（1）DEFORM-3D 数值模拟结果表明，AZ31 镁合金管坯在挤压成形过程中温度呈梯度分布，挤压速度对坯料温度场的分布影响明显；变形热对管材成形过程影响较大，在剪切成形区存在明显的温度梯度；摩擦因子增大时，剪切变形区内温度分布梯度增大，但可使得等效应力分布更加均匀；提高变形温度可降低挤压载荷。

（2）在 AZ31 镁合金管坯挤压-连续剪切弯曲成形过程中，剪切变形区内的等效应变分布均匀，与普通管材正挤压工艺成形的管材相比，该工艺成形的管材最终的等效应变累积值高出 1.5 左右；晶粒细化效果明显，最终成形的管材组织中多为 10μm 左右的晶粒；显微硬度测试发现，坯料经 TESB 挤压成形后，硬度值明显提高，且温度越高各个工艺位置的硬度值越低。

（3）通过电子背散射衍射分析发现，在 AZ31 镁合金管坯 TESB 挤压成形过程中，织构强度和类型发生明显改变，强度由 30.30 降低为 11.33，且最终成形管材组织中大部分晶粒 c 轴与挤压方向呈 45°角，这样的晶粒取向有利于提高管材的塑性变形能力。

（4）与普通挤压成形的管材相比，TESB 挤压成形的管材，（0001）〈11$\bar{2}$0〉基面滑移的 Schmid 因子值更高，沿管材挤压方向拉伸时，滑移系更容易启动；{10$\bar{1}$2}拉伸孪晶在协调塑性变形和促进动态再结晶进行等方面发挥着重要作用，再结晶组织比例由 14.03%提高至 64.8%，小角晶界比例由 47%降低至 17%。由此可判断，AZ31 镁合金管材挤压-连续剪切弯曲成形的晶粒细化机制主要为模具的机械剪切和挤压变形过程中的动态再结晶，其中，动态再结晶贡献较大。

第 13 章　镁合金管材连续挤压-变通道剪切过程数值模拟及组织演变

管材连续变通道挤压剪切成形模具的型腔通道是在管材普通挤压成形模具型腔通道的基础上增加了剪切段和弯曲段。如图 13.1 所示。当挤压比一定时，坯料下行至剪切段和弯曲段通道后，会使局部应变量增加，对挤出制品的微观组织将会产生重要影响，起到细化晶粒、改变晶粒取向、降低其力学性能各向异性的作用。

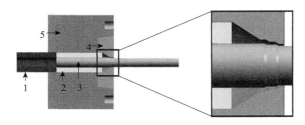

图 13.1　CVCES 挤压过程示意图

1. 挤压杆；2. 坯料；3. 芯轴；4. 凹模；5. 挤压筒

13.1　有限元模型的建立

TESB 新工艺是在普通挤压的基础上增加了两道剪切工序和一道弯曲工序，这导致模具结构变得非常复杂，所以研究各个工艺参数对挤压过程的影响至关重要。工艺参数主要包括：挤压温度、摩擦因子、挤压速度、模具几何结构等，这些参数将直接决定制品的质量。表 13.1 为有限元模型及数值模拟参数。

表 13.1　有限元模型及数值模拟参数

参数	数值
坯料长/mm	55
坯料外直径/mm	39.6
坯料内直径/mm	20.4
挤压筒直径/mm	40

续表

参数	数值
挤压比	9.33
坯料与模具之间的导热系数/（N/℃·S·mm²）	11
网格单元总数（四节点单元）	32000
网格最小尺寸/mm	1.27
相对渗透深度	0.7
网格密度类型	相对的
模拟类型	拉格朗日增量
求解类型	直接迭代共轭梯度法

13.2　CVCES 挤压工艺有限元模拟结果分析

13.2.1　等效应力分布特点

图 13.2 为 AZ31 镁合金管坯 CVCES 成形过程中的等效应力分布。图 13.2（a）为坯料缩径阶段的等效应力分布，这一阶段的坯料在挤压杆的挤压作用下不断下行，最前端的坯料直径持续减小，坯料头部的等效应力较大，约为 78MPa；随着挤压的继续进行，坯料下行进入普通挤压区，如图 13.2（b）所示，最大等效应力主要集中在转角处，且分布较集中均匀，约为 82MPa，与缩径阶段的等效应力最大值差别不大；坯料进入剪切区后，由于转角的作用，挤压力迅速增加如图 13.2（c）所示，坯料上部等效应力值增加到 103MPa 左右，且分布区域较大，剪切区的等效应力值与前两个阶段相当；坯料经过剪切区后，应力得到释放，加之前三

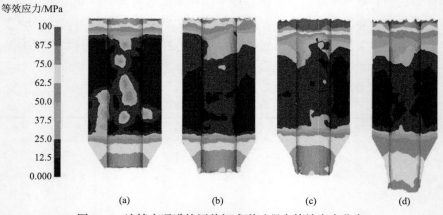

图 13.2　连续变通道挤压剪切成形过程中等效应力分布

个阶段变形阶段产生较多的变形热，使得剪切区温度升高，因此，此阶段的剪切区等效应力值略有下降，约为 74MPa。整体来看，等效应力分布较均匀，结合实际的物理试验过程来看，也较合理，温度升高后，使得变形更加容易，试验所需的挤压力也随之下降，数值模拟结果与实际的挤压过程较吻合。

13.2.2　CVCES 变形过程中温度对载荷的影响

为了分析变形温度对 AZ31 镁合金管坯 CVCES 变形挤压力的影响，选择变形温度为 360℃和 420℃，摩擦因子为 0.25，挤压速度为 10mm/s 的两组模拟结果进行分析。在变形初期挤压载荷迅速增加，随后进入稳态波动阶段。这是因为在变形初期，坯料内部位错密度增加，镁合金内部滑移系开动困难，加工硬化严重。AZ31 镁合金管坯在 360℃和 420℃进行 CVCES 变形时，由图 13.3 可知，稳态阶段的挤压力分别约为 $3.8×10^5$N 和 $3.2×10^5$N，这是由于温度升高后，激活镁合金内部更多潜在的柱面以及锥面滑移系，使得其塑性变形能力提高，由于温度较高，坯料在经过剪切变形和挤压比变形后，累积了足够的应变，进而发生了动态再结晶，加工硬化和动态再结晶软化同时作用，最终使得载荷波动变化。

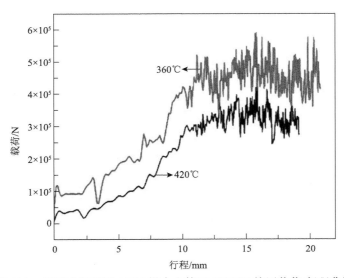

图 13.3　不同变形温度 AZ31 镁合金管坯 CVCES 挤压载荷-行程曲线

13.2.3　CVCES 挤压变形过程等效应变分布

从 AZ31 镁合金管坯 CVCES 成形过程中等效应变分布图（图 13.4）可以看出：坯料下端的等效应变值随着变形过程的进行不断增大。普通挤压区的坯料下端等效应变值约为 1.9，进入剪切区后，型腔通道转角的剪切作用和挤压比变形同时存在，使得应变累积效果明显，每通过两道转角，等效应变累积增加 0.6 左右。通过试验后的样品金相照片可以看出，转角处由于剪切作用，该处存在大量细小均匀的晶粒。

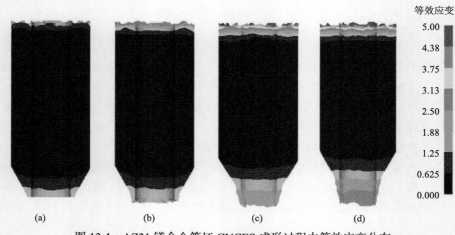

图 13.4　AZ31 镁合金管坯 CVCES 成形过程中等效应变分布

13.3　微观组织演变

图 13.5 为铸态 AZ31 镁合金 CVCES 挤压变形过程中坯料典型位置的金相照片，取样位置与 EBSD 样品取样位置相同。从图 13.5（a）可以看出，铸态 AZ31 管坯经过普通挤压后，组织中多为 100μm 以上的粗大晶粒，经过两道次的剪切作用之后，粗大的晶粒破碎且组织中分布着少量圆整的再结晶晶粒，均匀性较差，随着挤压的进行，坯料经过四道次剪切作用之后，晶粒细化效果明显，细小圆整的再结晶晶粒比例明显提高。晶粒细化主要由机械剪切作用和动态再结晶两方面原因所致。在普通挤压阶段，坯料受到挤压杆的挤压和模具型腔的限制，在强烈的三向压应力作用下，发生了少量的动态再结晶，较大的晶粒也在此阶段发生破碎。坯料进入到剪切变形区后，在切应力的作用下，晶粒发生转动，因此晶粒的取向发生变化，即织构类型发生改变。剪切变形区内的坯料同时存在剪切变形和挤压比变形，累积了大量的应变，导致晶粒内部畸变严重，位错密度大量增加。同时由于变形温度较高且工模之间的摩擦热和坯料塑性变形功转化的热量在短时间内无法迅速散失，从而加速了动态再结晶的进行，最终成形管材组织中呈现大量细小圆整的再结晶晶粒。

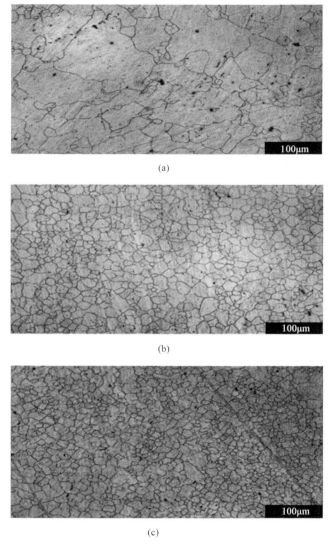

图 13.5　CVCES 挤压 AZ31 镁合金管坯不同位置金相组织
（a）普通挤压区；（b）一次剪切区；（c）成形管材

13.4　EBSD 分析

　　AZ31 镁合金管坯在进行 CVCES 挤压变形时，同时受到模具型腔通道转角的剪切作用和挤压比变形的作用。本节借助电子背散射衍射技术，深入分析镁合金坯料变形过程中的织构演变规律。

13.4.1　极图

　　从图 13.6 中可以看出，AZ31 镁合金管坯经 CVCES 变形后，大部分晶粒的取向依旧较为集中。普通挤压区的管材组织中出现了典型的镁合金基面织构，即晶粒的 {0001} 基面与挤压方向平行。随着挤压的进行，坯料不断受到剪切作用，晶粒的 c 轴不断向 TD 方向偏转，所以织构强度出现了先减小后增加的情况。最终大部分晶粒的 c 轴发生了约 86°的偏转，分析是 AZ31 镁合金管坯 CVCES 变形过程中产生大量的 {10$\bar{1}$2} 拉伸孪晶所致，由此说明 CVCES 管材挤压变形工艺可改变镁合金管坯的织构类型并弱化织构，提升管材的综合性能。

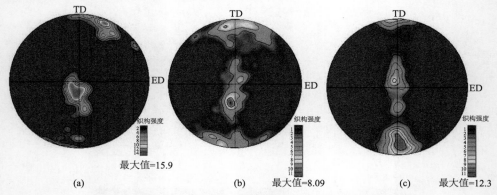

图 13.6　CVCES 挤压 AZ31 镁合金管坯不同位置样品极图
（a）普通挤压区；（b）二次剪切区；（c）成形管材

13.4.2　Schmid 因子

　　Schmid 因子值的大小用来衡量材料发生塑性变形的难易程度，其值越大，滑移系开动所需的应力越小，即塑性变形越容易进行。当基面与挤压方向平行时，其 Schmid 因子值几乎为零，（0001）〈11$\bar{2}$0〉基面滑移系很难启动。因此，基面织构较强的管材通常表现出很强的各向异性，不利于管材后续的折角、煨弯等加工。图 13.7 为（0001）〈11$\bar{2}$0〉基面滑移系的 Schmid 因子的分布图和统计直方图，从图中可以看出，随着变形的进行，其 Schmid 因子值不断减小，说明沿挤压方向拉伸时，（0001）〈11$\bar{2}$0〉基面滑移系不容易启动，由此可判断 CVCES 管材挤压工艺挤出的管材具有较高的屈服强度。

13.4.3　孪晶分布

　　孪晶对镁合金的变形及力学性能均产生重要的影响，图 13.8 为 AZ31 镁合金管材在 CVCES 挤压变形过程中孪晶分布的演变情况，其中，实线表示 {10$\bar{1}$2}

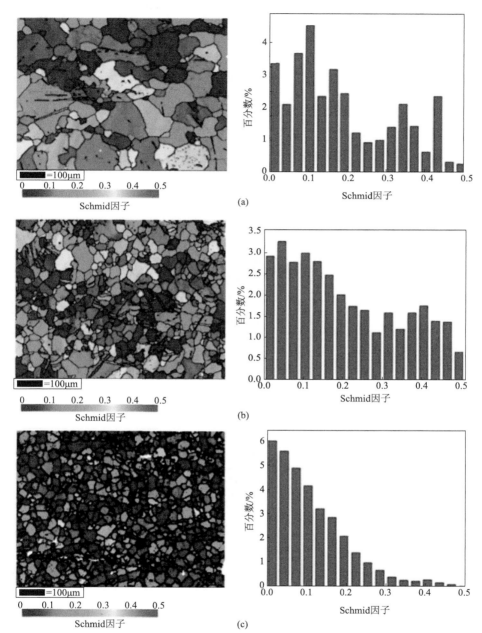

图 13.7　CVCES 挤压 AZ31 镁合金管坯不同位置样品 Schmid 因子分布图及统计图

（a）普通挤压区；（b）一次剪切区；（c）成形管材

拉伸孪晶的位置和数量。从图中可以看出，孪晶大多分布在晶粒内部，起到协调变形和改变晶粒取向的作用，随着变形的进行，{10$\bar{1}$2}拉伸孪晶的数量不断增加，且数量不断增多，可判断管坯在普通挤压阶段的主要变形方式主要为滑移，孪生为坯料在剪切区的变形贡献较大，这有利于提高管材制品的强度。

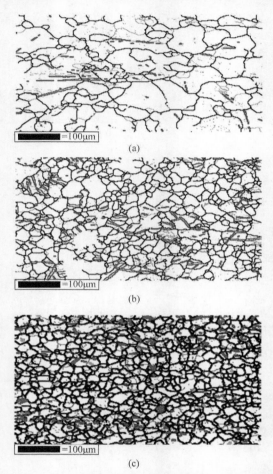

(a)

(b)

(c)

图 13.8　CVCES 挤压 AZ31 镁合金管坯不同位置样品孪晶分布
（a）普通挤压区；（b）一次剪切区；（c）管材

13.4.4　再结晶现象

镁合金在热变形过程中极易发生动态再结晶。首先，密排六方的晶格结构导致其变形时可启动的滑移系较少；其次，镁及其合金的层错能较低，层错能高的材料在变形时，位错运动能力较强，可大幅度降低晶粒内部的缺陷密度，从而使得变形储能减小，而变形储能只有达到临界值时，动态再结晶才可发生。就镁合金等低层错能的金属材料来说，由于其层错能较低，扩展位错较宽，塑性变形时亚组织中存在大量位错，变形储能足够引发动态再结晶的进行。在 CVCES 挤压变形过程中，新晶粒主要在晶界处形核，亚晶通过与其周边相邻的其他亚晶合并以不连续的方式长大，也可以形成新的晶核。

由图 13.9 可知，随着挤压的持续进行，变形组织的比例由普通挤压区的 17% 增加至 75%，亚晶组织的比例和再结晶组织的比例由最开始的在普通挤压阶段的 66%、20.6%分别降低为 32.5%和 7%，变形组织占据较大比例。由此可知 AZ31 镁合金管坯在 CVCES 挤压变形过程中，型腔通道的转角剪切作用和挤压比变形在晶粒细化的过程中起到主要作用。

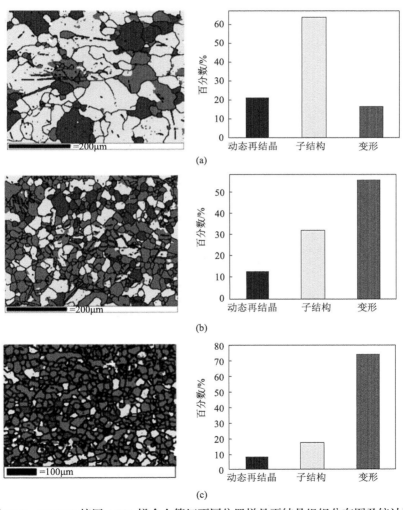

图 13.9　CVCES 挤压 AZ31 镁合金管坯不同位置样品再结晶组织分布图及统计图

（a）普通挤压区；（b）一次剪切区；（c）成形管材

从取向差角图（图 13.10）可以看出，取向差角在 86°附近存在峰，这很好地吻合了孪晶统计中前三个典型变形区中观察到大量的{10$\bar{1}$2}拉伸孪晶。伴随着{10$\bar{1}$2}拉伸孪晶的形成，孪晶的基准面从初始位置旋转 86°并持续转向一个合适的角度以有利于滑移的进行，而发生在孪晶面上的动态再结晶是一个连续动态再

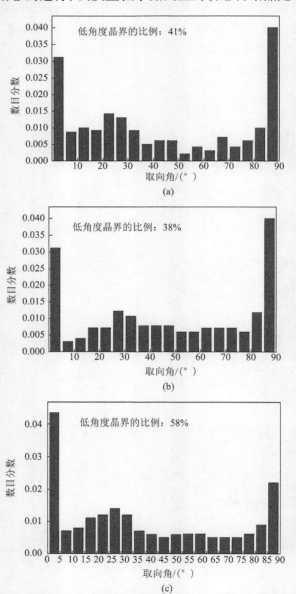

图 13.10 CVCES 挤压 AZ31 镁合金管坯不同位置样品取向差角统计图
（a）普通挤压区；（b）一次剪切区；（c）成形管材

结晶并伴随着小角晶界的形成和向大角晶界的转化。说明 TESB 变形过程中
{10$\bar{1}$2}拉伸孪晶在协调塑性变形和促进动态再结晶进行等方面发挥着重要作用。

13.5 显微硬度测试

硬度是材料力学性能的综合指标,通过分析 AZ31 镁合金管坯 CVCES 成形前
后的硬度变化, 可推断出 CVCES 挤压变形对镁合金管材力学性能的影响。由图
13.11 可知, 与普通挤压管材相比, CVCES 挤压成形管材硬度明显提升, 普通挤
压成形的管材组织晶粒粗大, 宏观上表现为力学性能较差。坯料经过剪切作用和
挤压比变形后, 内部组织更加致密, 晶粒明显细化, 从而使得硬度得以提高, 360℃
成形的管材硬度值高达 82。从前文数值模拟结果来看, 管坯在 CVCES 挤压成形
过程中的硬度分布与应变分布十分吻合。

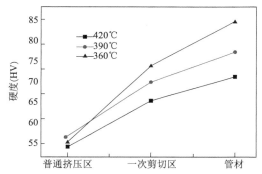

图 13.11 AZ31 镁合金 CVCES 挤压成形过程中管坯纵截面硬度分布(数值误差范围±5HV)

13.6 小 结

本章基于挤压试验和 Deform-3D 数值模拟, 通过金相观察、硬度试验、EBSD
分析等方法, 研究了 AZ31 镁合金薄壁管材连续挤压剪切的成形过程, 主要得出
如下结论:

(1)有限元模拟结果表明, 管坯在成形过程中等效应力、等效应变分布均匀,
与普通挤压工艺相比, 该工艺挤出的管材等效应变累积增加 0.6 左右;温度升高
后, 坯料变形抗力降低。

(2)普通挤压工艺挤出的管材组织中多为 100μm 以上的粗大晶粒, 连续变通
道挤压剪切成形工艺最终成形的管材组织中多为 10μm 以下的晶粒;显微硬度测
试发现, 坯料经 CVCES 挤压成形后, 硬度值明显提高, 且温度越高, 成形过程

中各个工艺位置的硬度值越低。

（3）通过电子背散射衍射分析发现，在 AZ31 镁合金管坯 CVCES 挤压成形过程中，织构类型发生明显改变，强度先升高后降低，这与管坯的成形路径有关，且最终成形管材组织中大部分晶粒 c 轴发生了大约 86°的偏转，这样的晶粒取向有利于提高管材强度。

（4）与普通挤压成形的管材相比，CVCES 挤压成形的管材，（0001）〈11$\bar{2}$0〉基面滑移的 Schmid 因子逐渐降低，沿管材挤压方向拉伸时，滑移系难启动，这使得该工艺挤出的管材具有更高的屈服强度；再结晶组织比例由 20.6%降低为 7%，变形组织比例由 17%增大到 75%，小角晶界比例由 41%增加至 58%。由此可判断，AZ31 镁合金管材挤压-连续剪切弯曲成形的晶粒细化机制主要为模具的机械剪切作用。

参 考 文 献

艾庐山, 袁森, 康彦, 等. 2006. 添加稀土元素 Ce 对 AZ91D 镁合金组织的影响[J]. 稀有金属快报, (2): 31-35

陈飞, 崔振山, 董定乾. 2015. 微观组织演变元胞自动机模拟研究进展[J]. 机械工程学报, 51(4): 30-39.

陈庆荣, 杨忠, 李建平, 等. 2013. 变形镁合金 EBSD 试样的制备[J]. 材料导报, 27(3): 107-113, 118.

陈帅峰, 程明, 张宏轩, 等. 2017.镁合金板材等通道弯曲变形模拟与实验[J]. 精密成形工程, 9(4): 90-95.

陈增奎, 蒋清, 周卫卫, 等. 2016. AZ31 镁合金薄壁管材挤压技术研究[J]. 精密成形工程, 8(3): 34-39.

陈振华, 夏伟军, 程永奇, 等. 2005. 镁合金织构与各向异性[J]. 中国有色金属学报, (1): 1-11.

陈振华, 夏伟军, 严红革, 等. 2005. 变形镁合金[M]. 北京: 化学工业出版社.

陈振华, 徐艳芳, 傅定发, 等. 2006. 镁合金的动态再结晶[J]. 化工进展. 25(2): 140-146.

程永奇, 陈振华, 夏伟军, 等. 2006. 退火处理对 AZ31 镁合金轧制板材组织与冲压性能的影响 [J]. 有色金属, (1): 5-9.

程正翠. 2019. 往复挤压对 ZK30 镁合金组织和力学性能的影响[J]. 黑龙江工业学院学报(综合版), 19(6): 11-14.

崔亚. 2013. 稀土镁合金变壁厚异型板类构件控形控性研究[D]. 太原: 中北大学.

丁春慧, 李萍, 丁永根, 等. 2018. 基于高压扭转工艺的 Al-Zn-Mg-Cu 合金强韧化机理研究[J]. 精密成形工程, 10(4): 126-131.

丁文江, 靳丽, 吴文祥, 等. 2011. 变形镁合金中的织构及其优化设计[J]. 中国有色金属学报, 21(10): 2371-2381.

董建新. 2014. 镍基合金管材挤压及组织控制[M]. 北京: 冶金工业出版社.

董蔚霞, 王晓溪, 夏华明, 等. 2015. 新型等径角挤压工艺下的 5052 铝合金变形行为的有限元模拟[J]. 精密成形工程, 7(3): 43-47.

杜文博, 秦亚灵, 严振杰, 等. 2009. 大塑性变形对镁合金微观组织与性能的影响[J]. 稀有金属材料与工程, 38(10): 1870-1876.

方刚, 闫凯民, 曾攀, 等. 2013. 镁合金微细管热挤压-冷拉拔工艺[J]. 塑性工程学报, 20(5): 11-15.

冯靖凯. 2017. AZ31 镁合金铸造-挤压-剪切工艺的晶粒细化机制研究[D]. 重庆: 重庆大学.

符韵, 张霞, 林军, 等. 2017. 轻质高强镁合金机匣可分凹模模锻工艺[J]. 精密成形工程, 9(5): 166-170.

付浩, 周全. 2013. 超声处理对 AZ91D-3Ca 镁合金凝固组织的影响[J]. 特种铸造及有色合金,

33(2): 178-181.

刚建伟, 陈晓霞, 唐伟能, 等. 2013. 高塑性 Mg-Gd-Zn 镁合金管材的组织和力学性能研究[J]. 材料科学与工艺, 21(3): 87-94.

郭俊卿, 丁祎, 陈拂晓, 等. 2018. AZ63 镁合金累积叠轧界面结合机制的研究[J]. 塑性工程学报, 25(1): 60-65.

郭强, 严红革, 陈振华, 等. 2006. 多向锻造工艺对 AZ80 镁合金显微组织和力学性能的影响[J]. 金属学报, 42(7): 739-744.

韩飞, 陈刚, 刘洪伟, 等. 2017. 铸态 ZK60 镁合金往复挤压的组织与性能[J]. 精密成形工程, 9(2): 40-44.

韩杰. 2012. 含 Y 元素 Mg-Zn-Ca 合金的制备及其薄壁管挤压-拉拔工艺研究[D]. 哈尔滨: 哈尔滨工业大学.

何祝斌, 王小松, 苑世剑, 等. 2007. AZ31B 镁合金挤压管材的内高压成形性能[J]. 金属学报, 43(5): 534-538.

胡冬, 周涛, 杨朝, 等. 2016. 轧制变形程度对 AZ31 镁合金板材组织与性能的影响[J]. 精密成形工程(2): 12-14.

胡红军, 张丁非, 杨明波, 等. 2010. 新型镁合金大变形技术的研究与验证[J]. 稀有金属材料与工程, 39(12): 2147-2151.

胡红军. 2010. 变形镁合金挤压-剪切复合制备新技术研究[D]. 重庆: 重庆大学.

胡红军. 2014. 挤压剪切与正挤压对 AZ31 镁合金塑性变形的影响[J]. 材料热处理学报, 35(4): 202-207.

胡忠举, 刘雁峰, 卢立伟, 等. 2018. 镁合金正挤压-弯曲剪切复合连续变形工艺及挤压力计算[J]. 中国有色金属学报, 28(5): 923-930.

火照燕, 马勤, 完彦少君. 2019. 等通道转角挤压对 LA141 镁锂合金显微组织及力学性能的影响[J]. 热加工工艺, 48(7): 32-35.

简炜炜, 康志新, 李元元. 2008. 多向锻造 ME20M 镁合金的组织演化与力学性能[J]. 中国有色金属学报, 18(6): 1005-1011.

蒋伟, 周涛, 宋登辉, 等. 2016. AZ31 镁合金轧制-剪切-弯曲变形工艺数值模拟研究[J]. 精密成形工程, 8(5): 121-125.

金朝阳, 殷凯, 史伟伟, 等. 2017. 变形温度对镁合金等通道转角挤压晶粒尺寸演变影响的有限元模拟[J]. 精密成形工程, 9(3): 19-24.

靳丽, 孙捷, 董杰, 等. 2015. 一种高性能汽车防撞杆用镁合金管材及其制造方法: ZL104313440A [P]. 2015-01-28.

柯伟, 陈荣石. 2013. 深闺待嫁镁合金[J]. 科学中国人, (5): 16-19.

李殿中, 杜强. 1999. 金属成形过程组织演变的 CellularAutomaton 模拟技术[J]. 金属学报, (11): 1201-1205.

李静媛, 赵艳君, 任学平. 2010. 特种金属材料及其加工技术[M]. 北京: 冶金工业出版社.

李琳琳, 张治民, 薛勇. 2006. AZ31 镁合金管材挤压成形数值模拟研究[J]. 锻压装备与制造技术, (2): 70-72.

李庆波, 周海涛, 刘志超, 等. 2010. AZ80 镁合金变形特性及管材挤压数值模拟研究[J]. 热加工工艺, 39(5): 31-34.

李秀莲, 王茂银, 辛仁龙, 等. 2010. AZ31 镁合金挤压轧制过程微观织构演变[J]. 材料热处理学报, 31(5): 61-65.

廉振东, 方敏, 孟模, 等. 2019. AZ80+0. 4%Ce 镁合金薄壁管挤压-拉伸成形工艺及微观组织分析[J]. 热加工工艺, 3: 57-61.

梁书锦, 刘祖岩, 王尔德. 2015. AZ31 镁合金挤压过程的数值模拟[J]. 稀有金属材料与工程, (10): 2471-2475.

廖启宇, 乐启炽. 2017. 镁合金装甲板防弹测试[J]. 精密成形工程, 9(5): 144-147.

林小娉, 徐瑞, 樊志斌, 等. 2016. 铝、镁合金高压凝固及高压凝固理论研究进展[J]. 精密成形工程, 8(6): 1-7.

刘钢, 张文达, 何祝斌, 等. 2012. 镁合金大膨胀率管件差温内压成形(英文)[J]. 中国有色金属学会会刊: 英文版, (S2): 408-408.

刘君, 刘郁丽, 杨合, 等. 2005. 热锻成形过程微观组织模拟技术的研究现状[J]. 机械科学与技术, 24(5): 533-535.

刘鲁铭, 王忠堂, 刘立志. 2017. AZ31 镁合金压痕-压平复合形变数值模拟[J]. 精密成形工程, 9(2): 34-39.

刘瑞堂, 刘文博, 刘锦云. 2001. 工程材料力学性能[M]. 哈尔滨: 哈尔滨工业大学出版社.

刘天模, 刘建忠, 卢立伟, 等. 2010. 双向双通道变通径挤压 AZ31 镁合金的显微组织及变形行为[J]. 中国有色金属学报, 20(9): 1657-1664.

刘筱, 朱必武, 李落星. 2013. Laasraoui-Jonas 位错密度模型结合元胞自动机模拟 AZ31 镁合金动态再结晶[J]. 中国有色金属学报, (4): 898-904.

刘英, 陈维平, 张卫文, 等. 2004. 等通道转角挤压后 AZ31 镁合金的微观结构与性能[J]. 华南理工大学学报 (自然科学版), 32(9): 50-53.

卢立伟, 陈胜泉, 刘楚明, 等. 2016. 正挤压-扭转剪切变形对镁合金组织与性能的影响[J]. 金属热处理, 41(7): 25-29.

卢立伟, 盛坤, 伍贤鹏. 2019. 镁合金挤压变形工艺的研究进展[J]. 锻压技术, 44(1): 1-9.

吕炎, 徐福昌, 薛克敏, 等. 2000. 镁合金上机匣等温精锻工艺的研究[J]. 哈尔滨工业大学学报, (4): 127-129.

宓小川, 刘俊亮, 高加强, 等. 2012. Mg-Mn-Ce 镁合金挤压管材各向异性与织构研究[J]. 宝钢技术, (5): 29-32.

潘复生. 2014. 国家 "十三五" 镁合金发展规划思路[OL]. https://www.cnmn.com.cn/ShowNews1. aspx?id=301302[2025-2-30].

潘金生, 全健民, 田民波. 2007. 材料科学基础[M]. 北京: 清华大学出版社.

彭立明. 2015. 百家争鸣共论 "21 世纪绿色工程材料" -镁合金的发展未来: 镁合金材料工程前沿技术论坛侧记[J]. 中国材料进展, (10): 728-729.

任国成, 赵国群. 2013. AZ31 镁合金等通道转角挤压应变累积均匀性分析及组织性能研究[J]. 材料工程, (10): 13-19.

单德彬, 徐杰, 王春举, 等. 2016. 塑性微成形技术研究进展[J]. 中国材料进展, 35(4): 251-261.

沈冰. 2013. AZ31 镁合金等径角挤压成形的多尺度模拟[D]. 成都: 西华大学.

沈群, 吴志林, 袁人枢, 等. 2013. 镁合金扩管挤压过程的有限元数值模拟[J]. 热加工工艺, 42(7): 82-85.

师昌绪, 李恒德, 王淀佐, 等. 2001. 加速我国金属镁工业发展的建议[J]. 材料导报, 15(4): 5-7.

石磊, 杨合, 郭良刚, 等. 2012. ECHE 挤压对 AZ31 镁合金组织和性能的影响[J]. 稀有金属材料与工程, 41(11): 1955-1959.

石文静, 卞健从, 王冰, 等. 2017. 电磁搅拌 AZ31 镁合金固溶处理研究[C]//中国机械工程学会, 铸造行业生产力促进中心. 2017 中国铸造活动周论文集. 中国机械工程学会: 中国机械工程学会铸造分会.

孙颖迪, 陈秋荣. 2017. AZ31 镁合金管材挤压成型数值模拟与实验研究[J]. 材料工程, 45(6): 1-7.

谭劲峰, 赵保全, 刘阳, 等. 2008. ZK61M 镁合金热轧板生产工艺研究[J]. 有色金属加工, 37(4): 18-21.

唐果宁, 伍贤鹏, 卢立伟, 等. 2017. 冷却方式对锥台剪切变形 AZ31 镁合金组织与性能的影响[J]. 金属热处理, 42(5): 151-156.

万迪庆, 袁艳平, 周新建. 2015. 高强镁合金组织细化方法研究现状[J]. 材料导报, 29(9): 76-80.

王尔德. 2014. 镁合金塑性加工产业技术研究进展[J]. 精密成形工程, (6): 22-30.

王欣欣, 袁森, 曾书峰, 等. 2008. C_2C_{16} 对 AM60 合金组织与性能的影响[J]. 热加工工艺(13): 17-20.

王旭, 田玉明, 闫时建, 等. 2011. K2Ti6O13/AZ91D 镁基复合材料的组织及耐蚀性能[J]. 稀有金属材料与工程, (7): 1211-1215.

王忠堂, 贺琳, 梁海成, 等. 2011. ZK60 镁合金管材热挤压成形组织演变规律[J]. 金属热处理, 36(12): 74-77.

王忠堂, 张士宏, 许沂, 等. 2001. 镁合金管材挤压工艺及力能参数实验研究[J]. 沈阳工业学院学报(4): 66-69.

王忠堂, 赵根发, 刘劲松, 等. 2011. 热挤压 AZ80 镁合金管材的组织与力学性能[J]. 金属热处理, 36(7): 20-23.

温景林. 2003. 金属挤压与拉拔工艺学[M]. 沈阳: 东北大学出版社.

吴健旗, 颜永松, 陈强, 等. 2016. 热轧工艺对 AZ31 镁合金组织和性能的影响[J]. 精密成形工程, (1): 54-58.

吴树森, 方晓刚, 吕书林, 等. 2015. 稀土镁合金的流变挤压铸造工艺及其组织与性能[C]// 2015 中国铸造活动周论文集. 长沙: 中国机械工程学会.

吴战立. 2010. 等径角挤扭(ECAE-T)新工艺数值模拟及实验研究[D]. 合肥: 合肥工业大学.

夏巨谌, 王新云, 程俊伟, 等. 2005. AZ31 镁合金管材挤压过程的数值模拟[J]. 锻压技术 (2): 49-52.

夏显明, 薛克敏, 李萍, 等. 2017. 挤压态 ZK60 镁合金往复挤压力学性能研究[J]. 有色金属工程, (3): 24-29.

夏显明, 薛克敏, 李萍, 等. 2018. 高压扭转对挤压态 ZK60 镁合金微观组织和力学性能的影响[J]. 锻压技术, 43(5): 130-136.

项瑶, 卢立伟, 盛坤, 等. 2020. 正挤压-弯曲剪切变形对 AQ80 镁合金组织及性能影响[J]. 塑性工程学报, 27(11): 53-58.

谢志平. 2015. 大型稀土镁合金圆锥筒形构件省力挤压方法研究[D]. 太原: 中北大学.

徐河, 刘静安, 谢水生. 2007. 镁合金制备与加工技术[M]. 北京: 冶金工业出版社.

徐志超, 史庆南, 冯中学, 等. 2017. 异步轧制对 Mg(98.5)Zn(0.5)Y_1 合金晶粒和力学性能的影响[J]. 热加工工艺(5): 41-44.

薛勇, 倪杨, 张治民, 等. 2008. 镁合金薄壁管空心锭坯正向挤压成形及其组织分析[J]. 锻压装备与制造技术, 43(2): 81-84.

杨宝成, 韩富银, 马盈, 等. 2018. 等通道转角挤压 ZAM63-1Si 镁合金的组织和性能[J]. 轻合金加工技术, 46(4): 38-42.

杨杰, 樊建锋, 单召辉, 等. 2019. 160°大角度等通道转角挤压 AZ61 组织演化与力学性能[J]. 铸造技术, 40(7): 729-733.

杨晶晶, 唐显升, 谢江怀, 等. 2017. AZ31 镁合金铸管成形温度场的有限元分析[J]. 特种铸造及有色合金, 37(5): 485-487.

杨树恒. 2013. 挤压 AZ31 镁合金管材的组织性能及热塑性研究[J]. 锻压技术, 38(4): 140-143.

杨素媛, 才鸿年, 王富耻. 2009. 动态加载条件下细晶镁合金的组织特征及形成机制[J]. 北京理工大学学报, 29(2): 168-172.

杨院生, 付俊伟, 罗天骄, 等. 2011. 镁合金低压脉冲磁场晶粒细化[J]. 中国有色金属学报, 21(10): 2639-2649.

尹振入, 卢立伟, 盛坤, 等. 2018. 有限元分析锥台转角对镁合金板材成形性的影响[J]. 稀有金属, 42(5): 470-476.

于宝义, 包春玲, 宋鸿武, 等. 2005. AZ91D 镁合金挤压成形管材的组织性能研究[J]. 热加工工艺, (8): 30-32.

于宝义, 郑黎. 2014. 镁合金管材挤压变形动态再结晶流函数法研究[J]. 精密成形工程, 6(6): 56-62.

于洋, 张文丛, 段祥瑞. 2013. AZ31 镁合金细管静液挤压工艺及组织性能分析[J]. 粉末冶金技术, 31(3): 201-206.

余琨, 薛新颖, 毛大恒, 等. 2011. 超声铸造对 AZ31 镁合金铸锭及热轧板材组织与性能的影响[J]. 中南大学学报(自然科学版), 42(7): 1918-1923.

运新兵, 宋宝韫, 陈莉. 2006. 连续等径角挤压制备超细晶铜[J]. 中国有色金属学报, 16(9): 1563-1569.

张保军, 杨合, 郭良刚, 等. 2012. AZ31 镁合金薄壁管分流挤压速度影响规律仿真研究[J]. 稀有金属材料与工程, 41(12): 2178-2184.

张保军, 杨合, 郭良刚, 等. 2012. AZ31 镁合金薄壁管挤压分流孔轴向倾角影响规律的仿真模拟[J]. 中国有色金属学报, (10): 2713-2719.

张兵, 袁守谦, 张西锋, 等. 2008. 累积复合轧制对镁合金组织和力学性能的影响[J]. 中国有色金属学报, 18(9): 1607-1612.

张丁非, 胡红军, 戴庆伟, 等. 2016. 高性能镁合金晶粒细化新技术[M]. 北京: 冶金工业出版社.

张金龙, 宋敏, 王栓强, 等. 2016. 焊合室高度对 AZ91 镁合金管材分流挤压的影响[J]. 锻压装备与制造技术, 51(6): 71-74.

张坤敏, 敬学锐, 何雄江川, 等. 2020. Mn 对 Mg-4Zn 变形镁合金组织与性能的影响[J]. 精密成形工程, 12(5): 46-52.

张青来, 卢晨, 朱燕萍, 等. 2004. 轧制方式对 AZ31 镁合金薄板组织和性能的影响[J]. 中国有色金属学报, (03): 391-397.

张士宏, 王忠堂, 许沂, 等. 2002. 镁合金的塑性加工技术[J]. 金属成形工艺, 20(5): 1-4.

张士宏. 2012. 塑性加工先进技术[M]. 北京: 科学出版社.

张晓旭, 杜子学. 2017. 等通道角轧制对汽车车身用轻质镁合金板微观组织与力学性能的影响[J]. 锻压技术, 42(3): 154-158.

张新明, 钱晨, 唐建国, 等. 2014. 初始织构对 AZ31 镁合金中温塑性变形的影响[J]. 热加工工艺(2): 12-15.

张鑫, 耿佃桥, 李鹏伟, 等. 2015. AZ31 镁合金薄壁管材反挤压成形的有限元模拟[J]. 特种铸造及有色合金, 35(9): 930-933.

张旭星. 2020. 高应变速率轧制 AM60B 镁合金板材的组织和性能研究[D]. 秦皇岛: 燕山大学.

张志强, 乐启炽, 崔建忠, 等. 2013. 超声场作用下 Mg-4Al-1Si 合金凝固组织[J]. 稀有金属材料与工程, 42(3): 574-578.

赵玲杰, 张驰, 汪舜, 等. 2015. 基于数值模拟的 AZ61 镁合金挤压-剪切工艺[J]. 精密成形工程, (4): 62-65.

赵言宝. 2016. 静液挤压 AZ80 镁合金管材组织与力学性能研究[D]. 南京: 南京理工大学.

赵宇昕, 王朝辉, 李淑波, 等. 2010. 超声处理对 AZ31 镁合金组织和性能的影响[J]. 特种铸造及有色合金, 30(7): 674-677.

赵占勇, 管仁国, 黄红乾, 等. 2011. Mg3Sn1Mn 合金连续流变成形组织形成机理[J]. 中国有色金属学报, 21(9): 2043-2048.

赵占勇, 管仁国, 李江平, 等. 2010. 浇注温度对 AZ31 镁合金连续流变挤压成形组织的影响[J]. 东北大学学报(自然科学版), 31(4): 535-539.

郑兴伟, 赵宗, 汪伟, 等. 2020. Mg-Nd-Zn-Zr 稀土镁合金无缝管材正反挤压程模拟[J]. 精密成形工程, 12(5): 59-65.

钟皓, 张慧, 翁文凭, 等. 2006. 热挤压工艺对 AZ31 镁合金组织与力学性能的影响[J]. 金属热处理, (8): 79-82.

左铁镛, 戴铁军. 2008. 有色金属材料可持续发展与循环经济[J]. 中国有色金属学报, 18(5): 755-763.

左铁镛. 2015. 汽车轻量化是镁业突围的关键[J]. 特种铸造及有色合金, 35(11): 1162.

Abdolvand H, Faraji G, Shahbazi K J, et al. 2017. Microstructure and mechanical properties of fine-grained thin-walled AZ91 tubes processed by a novel combined SPD process[J]. Bulletin of Materials Science, 40(7): 1471-1479.

Abdolvand H, Sohrabi H, Faraji G, et al. 2015. A novel combined severe plastic deformation method for roducing thin-walled ultrafine grained cylindrical tubes[J]. Materials Letters, 143(15): 167-171.

Abdulrahman S, Mahmud M M, Ghader F. 2015. The effect of pass numbers over microstructure and mechanical properties of magnesium alloy of AZ31C in the tubular channel angular pressing (TCAP) at temperature of 300°C[J]. Modares Mechanical Engineering, 15(1): 126-130.

Abu F. 2012. A preliminary study on the feasibility of friction stir back extrusion[J]. Scripta Materialia, 66(9): 615-618.

Akbaripanah F, Fereshteh S F, Mahmudi R, et al. 2013. The influences of extrusion and equal channel angular pressing (ECAP) processes on the fatigue behavior of AM60 magnesium alloy[J]. Materials Science & Engineering A, 565(5): 308-316.

Amani S, Faraji G, Abrinia K. 2017. Microstructure and hardness inhomogeneity of fine-grained AM60 magnesium alloy subjected to cyclic expansion extrusion (CEE)[J]. Journal of Manufacturing Processes, 28: 197-208.

Aspray W, Burks A. 1986. Papers of John von Neumann on computing and computer theory[M]. Cambridge: MIT Press.

Babaei A, Mashhadi M M, Jafarzadeh H. 2014. Tube cyclic expansion-extrusion (TCEE) as a novel severe plastic deformation method for cylindrical tubes[J]. Journal of Materials Science, 49(8): 3158-3165.

Babaei A, Mashhadi M M. 2014. Tubular pure copper grain refining by tube cyclic extrusion–compression (TCEC) as a severe plastic deformation technique[J]. Progress in Natural Science: Materials International, 24(6): 623-630.

Bai S W, Fang G. 2020. Experimental and numerical investigation into rectangular tube extrusion of high-strength magnesium alloy[J]. International Journal of Lightweight Materials and Manufacture, 3(2): 136-143.

BayatTork N, Pardis N, Ebrahimi R. 2013. Investigation on the feasibility of room temperature plastic deformation of pure magnesium by simple shear extrusion process[J]. Materials Science & Engineering A, 560(1): 34-39.

Beyerlein I J, Tóth L S. 2009. Texture evolution in equal-channel angular extrusion[J]. Progress in Materials Science, 54(4): 427-510.

Cao Z, Wang F H, Dong J, et al. 2015. Microstructure and mechanical properties of AZ80 magnesium alloy tube fabricated by hot flow forming[J]. Materials & Design, 67: 64-71.

Caron E, Wells M A. 2009. Secondary cooling in the direct-chill casting of magnesium alloy AZ31 [J]. Metallurgical and Materials Transactions B, 40(4), 585-595.

Chakroborty S, Dutta P. 2001. A generalized formulation for evaluation of latent heat functions in enthalpy-based macroscopic models for convection-diffusion phase change processes[J]. Metallurgical & Materials Transactions B, 32(3): 562-564.

Chang L L, Wang Y N, Zhao X, et al. 2008. Microstructure and mechanical properties in an AZ31 magnesium alloy sheet fabricated by asymmetric hot extrusion[J]. Materials Science and Engineering A, 496(1-2): 512-516.

Chen E, Duchêne L, Habraken A M, et al. 2010. Multiscale modeling of back-stress evolution in equal-channel angular pressing: From one pass to multiple passes[J]. Journal of Materials Science, 45(17): 4696-4704.

Chen L, Liang M, Zhao G, et al. 2018. Microstructure evolution of AZ91 alloy during hot extrusion process with various ram velocity[J]. Vacuum, 150: 136-143.

Chen Q, Yuan B G, Zhao G Z, et al. 2012. Microstructural evolution during reheating and tensile mechanical properties of thixoforged AZ91D-RE magnesium alloy prepared by squeeze casting-solid extrusion[J]. Materials Science & Engineering A, 537: 25-38.

Chen Y J, Wang Q D, Rove H J, et al. 2008. Microstructure evolution in magnesium alloy AZ31 during cyclic extrusion compression [J]. Journal of Alloys and Compounds, 462(1-2): 192-200.

Dai J C, Zhu S M, Easton M A, et al. 2014. Precipitation process in a Mg-Gd-Y alloy grain-refined by Al addition[J]. Materials Characterization, 88: 7-14.

Ding R, Guo Z X. 2001. Coupled quantitative simulation of microstructural evolution and plastic flow during dynamic recrystallization[J]. Acta Materialia, 49(16): 3163-3175.

Du P H, Furusawa S, Furushima T. 2020. Microstructure and performance of biodegradable magnesium alloy tubes fabricated by local-heating-assisted dieless drawing[J]. Journal of Magneisum and Alloys, 8(3): 614-623.

Eftekhari M, Fata A, Faraji G, et al. 2018. Hot tensile deformation behavior of Mg-Zn-Al magnesium alloy tubes processed by severe plastic deformation[J]. Journal of Alloys and Compounds, 742: 442-453.

Estrin Y, Vinogradov A. 2013. Extreme grain refinement by severe plastic deformation: A wealth of challenging science[J]. Acta Materialia, 61(3): 782-817.

Fadaei A, Farahafshan F, Sepahi-Boroujeni S. 2017. Spiral equal channel angular extrusion (SP-ECAE) as a modified ECAE process[J]. Materials & Design, 113: 361-368.

Faraji G, Mashhadi M M, Abrinia K, et al. 2012. Deformation behavior in the tubular channel angular pressing (TCAP) as a noble SPD method for cylindrical tubes[J]. Applied Physics A, 107(4): 819-827.

Faraji G, Mashhadi M M, Kim H S. 2011. Microstructure inhomogeneity in ultra-fine grained bulk AZ91 produced by accumulative back extrusion (ABE)[J]. Materials Science and Engineering A, 528(13-14): 4312-4317.

Faraji G, Mashhadi M M, Kim H S. 2011. Tubular channel angular pressing (TCAP) as a novel severe plastic deformation method for cylindrical tubes[J]. Materials Letters, 65(19): 3009-3012.

Faraji G, Yavari P, Aghdamifar S, et al. 2014. Mechanical and microstructural properties of Ultra-fine grained AZ91 magnesium alloy tubes processed via multi pass tubular channel angular pressing (TCAP)[J]. Journal of Materials Science and Technology, 30(2): 134-138.

Fata A, Faraji G, Mashhadi M M, et al. 2016. Hot tensile deformation and fracture behavior of ultrafine-grained AZ31 magnesium alloy processed by severe plastic deformation[J]. Materials Science & Engineering A, 674(9): 9-17.

Feng J K, Zhang D F, Hu H J, et al. 2020. Improved microstructures of AZ31 magnesium alloy by semi-solid extrusion[J]. Materials Science and Engineering: A, 8: 140-204.

Furushima T, Shimizu T, Manabe K. 2007. Grain refinement by servere deformation processing and superplastic characterization AZ31 magnesium alloy tubes[J]. Journal of Japan Society for Technology of Plasticity, 48: 412-416.

Furushima T, Shimizu T, Manabe K. 2010. Grain refinement by combined ECAE/extrusion and dieless drawing processes for AZ31 magnesium alloy tubes[J]. Materials Science Forum, 654: 735-738.

Ge Q, David D, Demir A G, et al. 2013. The processing of ultrafine-grained Mg tubes for biodegradable stents[J]. Acta Biomaterialia, 9(10): 8604-8610.

Goh C S, Soh K S, Oon P H, et al. 2010. Effect of squeeze casting parameters on the mechanical properties of AZ91-Ca Mg alloys [J]. Materials and Design, 31(15): 50-53.

Gong X, Kang S B, Li S, et al. 2009. Enhanced plasticity of twin-roll cast ZK60 magnesium alloy through differential speed rolling[J]. Materials & Design, 30(9): 3345-3350.

Guan R G, Zhao Z Y, Chao R Z, et al. 2013. Effects of technical parameters of continuous semisolid rolling on microstructure and mechanical properties of Mg-3Sn-1Mn alloy[J]. Transactions of Nonferrous Metals Society of China, 23(1): 73-79.

Guan R G, Zhao Z Y, Zhang H, et al. 2012. Microstructure evolution and properties of Mg-3Sn-1Mn alloy strip processed by semisolid rheo-rolling[J]. Journal of Materials Processing Technology, 212(6): 1430-1436.

Guo K K, Liu M Y, Wang J F, et al. 2020. Microstructure and texture evolution of fine-grained Mg-Zn-Y-Nd alloy micro-tubes for biodegradable vascular stents processed by hot extrusion and rapid cooling[J]. Journal of Magnesium and Alloys, 8(3): 873-882.

Guo W, Wang Q D, Ye B, et al. 2013. Microstructure and mechanical properties of Mg-Si alloys processed by cyclic closed-die forging[J]. Transactions of Nonferrous Metals Society of China, 24(2013): 66-75

Hallberg H, Wallin M, Ristinmaa M. 2010. Simulation of discontinuous dynamic recrystallization in pure Cu using a probabilistic cellular automaton[J]. Computational Materials Science, 49(1): 25-34.

Hao H, Maijer D M, Wells M A, et al. 2010. Modeling the stress-strain behavior and hot tearing during direct chill casting of an AZ31 magnesium billet [J]. Metallurgical and Materials Transactions A, 41(8): 2067-2077.

He Y, Pan Q, Qin Y, et al. 2010. Microstructure and mechanical properties of ZK60 alloy processed by two-step equal channel angular pressing[J]. Journal of Alloys & Compounds, 492(1-2): 605-610.

Hesselbarth H W, Göbel I R. 1991. Simulation of recrystallization by cellular automata[J]. Acta Metallurgica Et Materialia, 39(9): 2135-2143.

Hosokawa H, Chino Y, Shimojima K, et al. 2003. Mechanical properties and blow forming of rolled AZ31 magnesium alloy sheet[J]. Materials Transactions, 44 (4): 489.

Hu H J, Li Y Y, Wang X, et al. 2016. Effects of extrusion-shear process conditions on the microstructures and mechanical properties of AZ31 magnesium alloy[J]. High Temperature Materials & Processes, 35(10): 967-972.

Hu H J, Yang L, Zhang D F, et al. 2017. The influences of extrusion-shear process on microstructures evolution and mechanical properties of AZ31 magnesium alloy[J]. Journal of Alloys & Compounds, 695: 1088-1095.

Huang H, Tang Z, Yuan T, et al. 2015. Effects of cyclic extrusion and compression parameters on microstructure and mechanical properties of Mg-1. 50Zn-0. 25Gd alloy[J]. Materials & Design, 86: 788-796.

Huang H, Yuan G Y, Chu Z H, et al. 2013. Microstructure and mechanical properties of double continuously extruded Mg-Zn-Gd-based magnesium alloys[J]. Materials Science & Engineering A, 560(1): 241-248.

Hwang Y M, Chang C N. 2014. Hot extrusion of hollow helical tubes of magnesium alloys[J]. Procedia Engineering, 81: 2249-2254.

Iwahashi Y, Wang J T, Horita Z, et al. 1996. Principle of equal-channel angular pressing for the processing of ultra-fine grained materials[J]. Scripta Materialia, 35(2): 143-146.

Jahadi R, Sedighi M, Jahed H. 2014. ECAP effect on the micro-structure and mechanical properties of AM30 magnesium alloy[J]. Materials Science&Engineering A, 593(1): 178-184.

Jamali S, Faraji G, Abrinia K. 2016. Evaluation of mechanical and metallurgical properties of AZ91 seamless tubes produced by radial-forward extrusion method[J]. Materials Science & Engineering A, 666: 176-183.

Janssens K G F, Raabe D, Kozeschnik E, et al. 2007. Computational materials engineering: an introduction to microstructure evolution[J]. Computational Materials Engineering.

Ji Y H, Park J J, Kim W J. 2007. Finite element analysis of severe deformation in Mg-3Al-1Zn sheets through differential-speed rolling with a high speed ratio [J]. Materials Science and Engineering A, 454-455: 570-574.

Jiang J F, Wang Y, Li Y F, et al. 2012. Microstructure and mechanical properties of the motorcycle cylinder body of AM60B magnesium alloy formed by combining die casting and forging [J]. Materials and Design, 37(1): 202-210.

Jiang M G, Yan H, Chen R S. 2015. Microstructure, texture and mechanical properties in an as-cast AZ61 Mg alloy during multi-directional impact forging and subsequent heat treatment[J]. Materials & Design, 87: 891-900.

Jiang M, Xu C, Nakata T, et al. 2016. Development of Dilute Mg-Zn-Ca-Mn Alloy with High Performance Via Extrusion[J]. Journal of Alloys & Compounds, 668: 13-21.

Jiang M, Xu C, Nakata T, et al. 2017. Enhancing strength and ductility of Mg-Zn-Gd alloy via slow-speed extrusion combined with pre-forging[J]. Journal of Alloys &Compounds, 694(2): 1214-1223.

Jin Y Y, Wang K S, Wang W, et al. 2019. Microstructure and mechanical properties of AE42 rare earth-containing magnesium alloy prepared by friction stir processing[J]. Materials Characterization, 150: 52-61.

Kim W J, Leeals B H. 2009. Retardation of grain growth in Mg-3Al-1Zn alloy processed by strip-casting method [J]. Journal of Alloys and Compounds, 482(1): 106-109.

Lapovok R Y, Barnett M R. 2004. Construction of extrusion limit diagram for AZ31 magnesium alloy by FE simulation[J]. Journal of Material processing Technology, 146(3): 408.

Lee H J, Ahn B, Kawasaki M, et al. 2015. Evolution in hardness and microstructure of ZK60A magnesium alloy processed by high-pressure torsion[J]. Journal of Materials Research & Technology, 4(1): 18-25.

Li F, Bian N, Xu Y C, et al. 2014. Theoretical analysis of extrusion through rotating container: Torque and twist angle[J]. Computational Materials Science, 88: 37-44.

Li F, Zeng X, Bian N. 2014. Microstructure of AZ31 magnesium alloy produced by continuous variable cross-section direct extrusion(CVCDE)[J]. Materials Letters, 135: 79-82.

Li F, Zeng X, Chen Q, et al. 2015. Effect of local strains on the texture and mechanical properties of AZ31magnesium alloy produced by continuous variable cross-section direct extrusion (CVCDE)[J]. Materials and Design, 85: 389-395.

Li R X, Li R D, Bai Y H, et al. 2010. Effect of specific pressure on microstructure and mechanical properties of squeeze casting ZA27 alloy[J]. Transactions of Nonferrous Metals Society of China, 20(1): 59-63.

Li S J, Bourke M A M, Beyerlein I J, et al. 2004. Finite element analysis of the plastic deformation zone and working load in equal channel angular extrusion[J]. Materials Science & Engineering A, 382(1-2): 217-236.

Li W Q, Zhu S J, Sun Y F, et al. 2019. Microstructure and properties of biodegradable Mg-Zn-Y-Nd alloy micro-tubes prepared by an improved method[J]. Journal of Alloys and Compounds, 835: 155-369.

Liao H G, Chen J, Peng L M, et al. 2017. Fabrication and characterization of magnesium matrix composite processed by combination of friction stir processing and high-energy ball milling[J]. Materials Science and Engineering: A, 683(1): 207-214.

Lin J, Wang Q, Peng L, et al. 2009. Microstructure and high tensile ductility of ZK60 magnesium alloy processed by cyclic extrusion and compression[J]. Journal of Alloys & Compounds, 476(1): 441-445.

Lin Y L, He Z B, Yuan S J, et al. 2011. Formability determination of AZ31B tube for IHPF process at elevated temperature[J]. Transactions of Nonferrous Metals Society of China, 21(4): 851-856.

Liu F, Chen C, Niu J, et al. 2015. The processing of Mg alloy micro-tubes for biodegradable vascular stents[J]. Materials Science and Engineering: C, 48: 400-407.

Liu F, Cheng C X, Niu J L, et al. 2015. The processing of mg alloy micro-tubes for biodegradable vascular stents[J]. Materials Science & Engineering C, 48: 400-407.

Liu H, Jia J, Lu F M, et al. 2017. Dynamic precipitation behavior and mechanical property of an Mg94Y4Zn 2 alloy prepared by multi-pass successive equal channel angular pressing[J]. Materials Science & Engineering A, 682(1): 255-259.

Liu J F, Wang Q D, Zhou H, et al. 2014. Microstructure and mechanical properties of NZ30K magnesium alloy processed by repetitive upsetting[J]. Journal of Alloys and Compounds, 589(3): 372-377.

Liu T M, Lu L W, Peng J. 2007. Mould for double direction extrusion: 200720124969.5[P]. 2007-08-14.

Lu L, Liu C, Zhao J, et al. 2015. Modification of grain refinement and texture in AZ31 Mg alloy by a new plastic deformation method[J]. Journal of Alloys & Compounds, 628: 130-134.

Lu L, Liu T, Yong C, et al. 2012. Deformation and fracture behavior of hot extruded Mg alloys AZ31[J]. Materials Characterization, 67(3): 93-100.

Lu W L, Yue R, Miao H W, et al. 2019. Enhanced plasticity of magnesium alloy micro-tubes for vascular stents by double extrusion with large plastic deformation[J]. Materials Letters, 245: 15-157.

Mabuchi M, Iwasaki H, Yanase K, et al. 1997. Low temperature superplasticity in an AZ91 magnesium alloy processed by ECAE[J]. Scripta Materialia, 36(6): 681-686.

Matsubara K, Miyahara Y, Horita Z, et al. 2003. Developing superplasticity in a magnesium alloy through a combination of extrusion and ECAP[J]. Acta Materialia, 51(11): 3073-3084.

Matsunoshita H, Edalati K, Furui M, et al. 2015. Ultrafine-grained magnesium–lithium alloy processed by high-pressure torsion: Low-temperature superplasticity and potential for hydroforming[J]. Materials Science & Engineering A, 640: 443-448.

Meng F, Rosalie J M, Singh A, et al. 2014. Ultrafine grain formation in Mg-Zn alloy by in situ precipitation during high-pressure torsion[J]. Scripta Materialia, 78(9): 57-60.

Miyahara Y, Matsubara K, Horita Z, et al. 2005. Grain refinement and superplasticity in a magnesium alloy processed by equal-channel angular pressing [J]. Metallurgical and Materials Transactions A, 36(7): 1705-1711.

Motallebi S M, Faraji G, Zalnezhad E. 2019. Hydrostatic tube cyclic expansion extrusion (HTCEE) as a new severe plastic deformation method for producing long nanostructured tubes[J]. Journal of Alloys and Compounds, 785: 163-168.

Mupe N, Miyamoto H, Yuasa M. Improvement of the mechanical properties of magnesium alloy AZ31 using non-linear twist extrusion (NTE)[J]. Procedia Structural Integrity, 2019, 21: 73-82.

Orlov D, Raab G, Torbjorn T, et al. 2011. Improvement of mechanical properties of magnesium alloy ZK60 by integrated extrusion and equal channel angular pressing[J]. Acta Materialia, 59(1): 375-385.

Pan F S, Wang Q, Jiang B, et al. 2016. An effective approach called the composite extrusion to improve the mechanical properties of AZ31 magnesium alloy sheets[J]. Materials Science & Engineering A, 655(8): 339-345.

Peng P, She J, Tang A, et al. 2019. Novel continuous forging extrusion in a one-step extrusion process for bulk ultrafine magnesium alloy[J]. Materials Science and Engineering: A, 764: 138-144.

Qiang C, Zhao Z, Shu D, et al. 2011. Microstructure and mechanical properties of AZ91D magnesium alloy prepared by compound extrusion[J]. Materials Science & Engineering A, 528(10): 3930-3934.

Richert J, Richert M. 1986. A New Method for Unlimited Deformation of Metals and Alloys[J]. Aliminum, 62: 604-607.

Saito Y, Utsunomiya H, Tsuji N, et al. 1999. Novel ultra-high straining process for bulk materials-development of the accumulative roll-bonding (ARB) process[J]. Acta Materialia, 47(2): 579-583.

Salandari-Rabori A, Zarei-Hanzaki A, Fatemi S M, et al. 2017. Microstructure and superior mechanical properties of a multi-axially forged WE magnesium alloy[J]. Journal of Alloys &Compounds, 693(2): 406-413.

Samadpour F, Faraji G, Savarabadi M M. 2020. Processing of long ultrafine-grained AM60 magnesium alloy tube by hydrostatic tube cyclic expansion extrusion (HTCEE) under high fluid pressure[J]. The Internationnal Journal of Advanced Manufacturing Technology, 111(11-12): 3535-3544.

Segal V M, Rikov V I, Drobyshevskii A E, et al. 1981. Plastic working of metals by simple shear[J]. Russian Metallugy, (1): 99-105.

Segal V. 1995. Materials processing by simple shear[J]. Materials Science & Engineering A, 197(2):

157-164.

Sepahi-Boroujeni S, Fereshteh-Saniee F. 2015. The influences of the expansion equal channel angular extrusion operation on the strength and ductility of AZ80 magnesium alloy[J]. Materials Science & Engineering A, 636: 249-253.

Sepahi-Boroujeni S, Sepahi-Boroujeni A. 2016. Improvements in microstructure and mechanical properties of AZ80 magnesium alloy by means of an efficient, Novel severe plastic deformation process[J]. Journal of Manufacturing Processes, 24(1): 71-77.

Shahbaz M, Pardis N, Ebrahimi R, et al. 2011. A novel single pass severe plastic deformation technique: Vortex extrusion[J]. Materials Science & Engineering A, 530: 469-472.

Shao Z W, Le Q C, Zhang Z Q, et al. 2011. Numerical simulation of acoustic pressure field for ultrasonic grain refinement of AZ80 magnesium alloy[J]. Transactions of Nonferrous Metals Society of China, 21(11): 2476-2483.

Shatermashhadi V, Manafi B, Abrinia K, et al. 2014. Development of a novel method for the backward extrusion[J]. Materials & Design (1980—2015), 62: 361-366.

Shi B Q, Chen R S, Wei K. 2013. Effects of yttrium and zinc on the texture, microstructure and tensile properties of hot-rolled magnesium plates[J]. Materials Science and Engineering: A, 560(1): 62-70.

Shi L, Yang H, Guo L G, et al. 2014. Large-scale manufacturing of aluminum alloy plate extruded from subsize billet by new porthole-equal channel angular processing technique[J]. Transactions of Nonferrous Metals Society of China, 24(5): 1521-1530.

Stráská J, Janeček M, Čížek J, et al. 2014. Microstructure stability of ultra-fine grained magnesium alloy AZ31 processed by extrusion and equal-channel angular pressing (EX-ECAP)[J]. Materials Characterization, 94: 69-79.

Stráská J, Janeček M, Gubicza J, et al. 2015. Evolution of microstructure and hardness in AZ31 alloy processed by high pressure torsion[J]. Materials Science & Engineering A, 625: 98-106.

Su X, Xu G M, Jiang D H. 2014. Abatement of segregation with the electro and static magnetic field during twin-roll casting of 7075 alloy sheet[J]. Materials Science and Engineering: A, 599: 279-285.

Suh J, Victoria-Hernandez J, Letzig D, et al. 2015. Improvement in cold formability of AZ31 magnesium alloy sheets processed by equal channel angular pressing[J]. Journal of Materials Processing Technology, 217: 286-293.

Sun J, Ji L, Dong S, et al. 2013. Asymmetry strain hardening behavior in Mg-3%Al-1%Zn and Mg-8%Gd-3%Y alloy tubes[J]. Materials Letters, 107(3): 197-201.

Tang W Q, Li D Y, Huang S Y, et al. 2014. Simulation of texture evolution in magnesium alloy: Comparisons of different polycrystal plasticity modeling approaches[J]. Computers and Structures, 143: 1-8.

Trojanova Z, Dzugan J, Halmesova K, et al. 2018. Influence of accumulative roll bonding on the texture and tensile properties of an AZ31 magnesium alloy sheets[J]. Materials, 11(1): 73-79.

Valiev R Z, Estrin Y, Horita Z, et al. 1996. Ultrafine-grained materials prepared by severe plastic deformation[J]. Annales de Chimie-Science des Materiaux, 21: 369.

Vrátná J, Janeček M, Čížek J, et al. 2013. Mechanical properties and microstructure evolution in ultrafine-grained AZ31 alloy processed by severe plastic deformation[J]. Journal of Materials Science, 48(13): 4705-4712.

Wang G S, Di H S, Huang F. 2010. Preparation of AZ31 magnesium alloy strips using vertical twin-roll caster [J]. Transactions of Nonferrous Metals Society of China, 20(6): 973-979.

Wang H Y, Feng T T, Zhang L, et al. 2015. Achieving a weak basal texture in a Mg-6Al-3Sn alloy by wave-shaped die rolling[J]. Materials & Design, 88: 157-161.

Wang H Y, Yu Z P, Zhang L, et al. 2015. Achieving high strength and high ductility in magnesium alloy using hard-plate rolling process[J]. Scientific Reports, 5: 17100.

Wang J T, Li Z, Wang J, et al. 2012. Principles of severe plastic deformation using tube high-pressure shearing[J]. Scripta Materialia, 67(10): 810-813.

Wang K K, Sun J L, Meng H F, et al. 2010. Numerical simulation on thixo-co-extrusion of double-layer tube with A356/AZ91D[J]. Transactions of Nonferrous Metals Society of China, 20: s921-s925.

Wang L P, Chen T, Jiang W Y, et al. 2013. Microstructure and mechanical properties of AM60B magnesium alloy prepared by cyclic extrusion compression[J]. Transactions of Nonferrous Metals Society of China, 23(2013): 3200-3205.

Wang Q D, Chen Y J, Lin J B, et al. 2007. Microstructure and properties of magnesium alloy processed by a new severe plastic deformation method[J]. Materials Letters, 61(23-24): 4599-4602.

Wang Q H, Jiang B, Chai Y F, et al. 2016. Tailoring the textures and mechanical properties of AZ31 alloy sheets using asymmetric composite extrusion[J]. Materials Science & Engineering A, 673: 606-615.

Wang Q H, Song J F, Jiang B, et al. 2018. An investigation on microstructure, texture and formability of AZ31 sheet processed by asymmetric porthole die extrusion[J]. Materials Science and Engineering: A, 720: 85-97.

Wang Q L, Wu G H, Hou Z Q, et al. 2010. A comparative study of Mg-Gd-Y-Zr alloy cast by metal mould and sand mould [J]. China Foundry, 7(1): 6-12.

Wang Q, Chen Y, Liu M, et al. 2010. Microstructure evolution of AZ series magnesium alloys during cyclic extrusion compression[J]. Materials Science & Engineering A, 527(9): 2265-2273.

Wang Q, Zhang Z M, Zhang X, et al. 2010. New extrusion process of Mg alloy automobile wheels [J]. Transactions of Nonferrous Metals Society of China, 20: s599-s603.

Wang Q, Zhang Z, Yu J, et al. 2017. A novel backward extrusion process through rotating die and open punch[J]. Procedia Engineering, 207: 383-388.

Wang T Z, Wu R Z, Yang J L, et al. 2016. Preparation of Fine-grained and High-strength Mg-8Li-3Al-1Zn Alloy by Accumulative Roll Bonding [J]. Advanced Engineering Materials, 18(2): 304-311.

Wang Y P, Li F, Wang Y, et al. 2020. Effect of extrusion ratio on the microstructure and texture evolution of AZ31 magnesium alloy by the staggered extrusion (SE)[J]. Journal of Magnesium and Alloys, 8(4): 1304-1313.

Wang Y, Li F, Li X W, et al. 2020. Unusual texture formation and mechanical property in AZ31 magnesium alloy sheets processed by CVCDE[J]. Journal of Materials Processing Technology, 275: 116-360.

WhalenN S, Overman N, Joshi V, et al. 2019. Magnesium alloy ZK60 tubing made by shear assisted processing and extrusion (ShAPE)[J]. Materials Science and Engineering: A, 755: 278-288.

Xia X S, Chen Q, Zhao Z D, et al. 2015. Microstructure, texture and mechanical properties of coarse-grained Mg-Gd-Y-Nd-Zr alloy processed by multidirectional forging[J]. Journal of Alloys & Compounds, 623: 62-68.

Xiao H, Xie H B, Yan Y H, et al. 2004. Simulation of dynamic recrystallization using cellular automaton method[J]. Journal of Iron and Steel Research(International), 11(2): 42-45.

Xu S W, Oh-ishi K, Kamado S, et al. 2012. Effects of different cooling rates during two casting processes on the microstructures and mechanical properties of extruded Mg-Al-Ca-Mn alloy[J]. Materials Science &Engineering A, 542(4): 71-78.

Xu T, Yang Y, Peng X, et al. 2019. Overview of advancement and development trend on magnesium alloy[J]. Journal of Magnesium and Alloys, 7(3): 536-544.

Yan Z M, Lian Z D, Fang M, et al. 2020. Microstructure and texture evolution of 0.6 mm ultra-thin-walled tubes of magnesium alloys fabricated by multi-pass variable wall thickness extrusion (VWTE)[J]. Materials Science Forum, 5930: 427-433.

Yang Q S, Jiang B, Zhou G Y, et al. 2014. Influence of an asymmetric shear deformation on microstructure evolution and mechanical behavior of AZ31 magnesium alloy sheet[J]. Materials Science Engineering A, 590(1): 440-447.

Yang Q, Jiang B, He J, et al. 2014. Tailoring texture and refining grain of magnesium alloy by differential speed extrusion process[J]. Materials Science & Engineering A, 612(26): 187-191.

Yong Q C, Zhen H C, Wei J X. et al. 2007. Effect of channel clearance on crystal orientation development in AZ31 magnesium alloy sheet produced by equal channel angular rolling[J]. Journal of Materials Processing Technology, 184(1-3): 97-101.

Yu J M, Zhang Z M, Xu P, et al. 2020. Deformation behavior and microstructure evolution of rare earth magnesium alloy during rotary extrusion[J]. Materials Letters, 265: 127-384.

Yu J M, Zhang Z, Wang Q, et al. 2017. Rotary extrusion as a novel severe plastic deformation method for cylindrical tubes[J]. Materials Letters, 215(15): 195-199.

Yuan R S, Wu Z L, Cai H M, et al. 2016. Effects of extrusion parameters on tensile properties of magnesium alloy tubes fabricated via hydrostatic extrusion integrated with circular ECAP[J]. Materials & Design, 101: 131-136.

Zangiabadi A, Kazeminezhad M. 2011. Development of a novel severe plastic deformation method for tubular materials: Tube Channel Pressing (TCP)[J]. Materials Science and Engineering: A, 528(15): 5066-5072.

Zhang D F, Hu H J, Pan F S , et al. 2010. Numerical and physical simulation of new SPD method combining extrusion and equal channel angular pressing for AZ31 magnesium alloy[J]. 中国有色金属学报(英文版), 20(3): 478-483.

Zhang H, Yan Q Q, Li L X. 2008. Microstructures and tensile properties of AZ31 magnesium alloy by continuous extrusion forming process[J]. Materials Science and Engineering, 486(1-2): 295-299.

Zhang J Y, Gao Y H, Yang C, et al. 2020. Microalloying Al alloys with Sc: a review[J]. Rare Metals, 39(6): 636-650.

Zhang X M, Feng D, Shi X K, et al. 2013. Oxide distribution and microstructure in welding zones from porthole die extrusion[J]. Transactions of Nonferrous Metals Society of China, 23(3): 765-772.

Zhang Y, Wu G H, Liu W C, et al. 2014. Effects of processing parameters and Ca content on microstructure and mechanical properties of squeeze casting AZ91-Ca alloys[J]. Materials Science and Engineering: A, 595(10): 109-117.

Zheng C, Xiao N, Li D, et al. 2009. Mesoscopic modeling of austenite static recrystallization in a low carbon steel using a coupled simulation method[J]. Computational Materials Science, 45(2): 568-575.

Zheng R X, Bhattacharjee T, Shibata A, et al. 2017. Simultaneously enhanced strength and ductility of Mg-Zn-Zr-Ca alloy with fully recrystallized ultrafine grained structures[J]. Scripta Materialia, 131(4): 1-5.

Zheng X W, Dong J, Xiang Y Z, et al. 2010. Formability, mechanical and corrosive properties of Mg-Nd-Zn-Zr magnesium alloy seamless tubes[J]. Materials & Design, 31(3): 1417-1422.